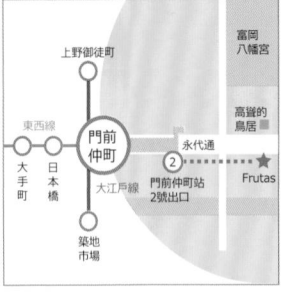
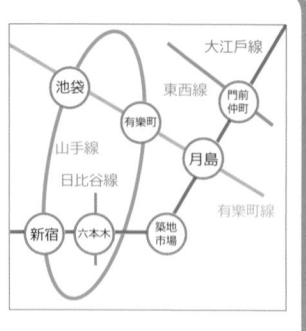

美食資訊

Frutas

➡ 1、搭地鐵東西線在「門前仲町」站下車，從2號出口出去後右轉沿著「永代通」徒步2到3分鐘即可抵達。

2、找不到地鐵出口或搞不清楚方向的人可以直接找富岡八幡宮，該店就在富岡八幡宮門口的正對面。

☺ ★★★★★

🕐 11:00-19:30（定休日：週三）

🏠 東京都江東区富岡1-24-6

旅遊資訊

富岡八幡宮

➡ 從東京都營地鐵大江戶線、東京Metro地鐵東西線「門前仲町」1號出口，沿著永代通步行約3分鐘，富岡八幡宮的鳥居正好座落在永代通這條大馬路上，相當醒目。

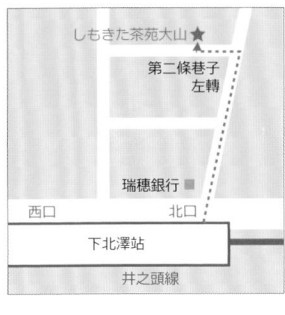 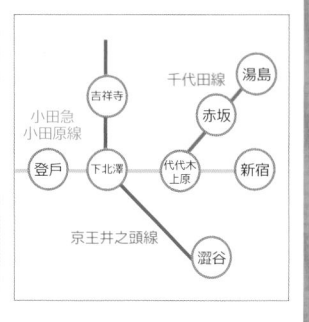

美食資訊

しもきた茶苑大山

- 🔁 搭小田急小田原線、京王井之頭線與地鐵千代田線在「下北澤」站下車,從北口徒步2分鐘(100m)即可抵達。
- 🍧 焙煎茶紅豆剉冰★★★★★ 、
  抹茶紅豆剉冰★★★★☆
- 🕐 14:00-18:00(定休日:不定期)
- 📍 東京都世田谷区北澤2-30-2 丸和センター 2F

旅遊資訊

下北澤

- 🔁 1、從新宿搭小田急電鐵的小田原線在「下北澤」站下車。值得注意的是,不論是普通或特急的小田原線,下北澤站都會停靠。
  2、我建議不要在「澀谷」搭京王井之頭線,也別在「新宿」搭小田急小田原線,因為澀谷與新宿兩站動線複雜、通勤人數龐大,在這兩站轉車輕則浪費時間,重則迷路。我的建議是搭地鐵千代田線到代代木「上原」站,再轉搭小田原線到「下北澤」站。

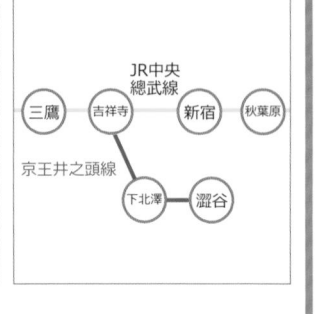

美食資訊

The Original PANCAKE HOUSE

➡ JR中央線或京王井之頭線在「吉祥寺」站下車往南口徒步1分鐘。

😊 DUTCH BABY ★★★★★ 、
其他PANCAKE與WAFFLE ★★★★☆

🕐 9:00-20:15（全年無休）

🏠 東京都武藏野市吉祥寺南町1-7-1 丸井吉祥寺店 1F
p.s. 餐廳附有照片與日英文對照菜單，點餐相當簡單且沒有語言隔閡。

旅遊資訊

吉祥寺

➡ 在「新宿」搭JR中央線或在「澀谷」搭京王井之頭線都可抵達吉祥寺。

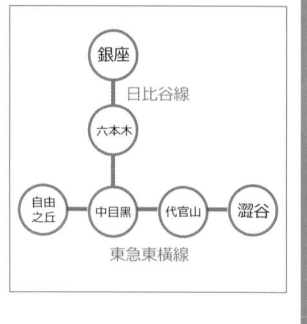

美食資訊

St. Christophers Garden

- ➡ 「自由之丘」站正面口出去右轉直走，遇到第五條巷道左轉，找到熊野神社就可以看到 St. Christophers Garden
- ☺ ★★★★☆
- 🕐 12:00-18:30（全年無休）

旅遊資訊

自由之丘

- ➡ 從澀谷搭上東急東橫線，10分鐘就到了。下車後，想吃甜點請走自由之丘車站的「正面口」。這裡的建築和景色都讓人有如置身在歐洲庭園的感覺，累了還有像極了歐式各式各樣的小小咖啡座可以進去看看，很多都是開放式的。深受家庭主婦及觀光客喜愛。每到週日下午三點，自由之丘的鬧區便會改成步行者天國（即車輛止步），讓行人可以輕輕鬆鬆的逛街。

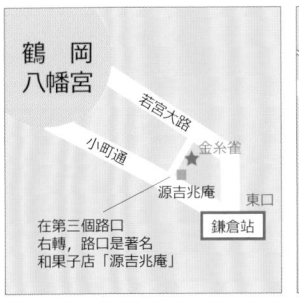
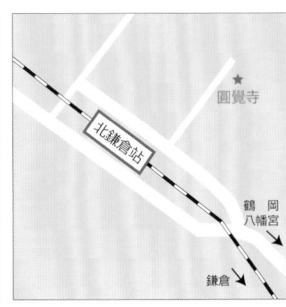

美食資訊

金糸雀

➡ 從「鎌倉」站出口走進小町通後第三條巷子右轉，步行時間不會超過5分鐘，要注意的是這條巷子相當不起眼，很容易錯過。

◎ ★★★★☆

◷ 10:00-18:00 ／定休日：週三

🏠 神奈川縣鎌倉市小町2-10-10第4榎本ビル1F

旅遊資訊

圓覺寺

◷ 圓覺寺參拜時間：

　4月～10月
　午前8:00　午後5:00

　11月～3月
　午前8:00　午後4:00

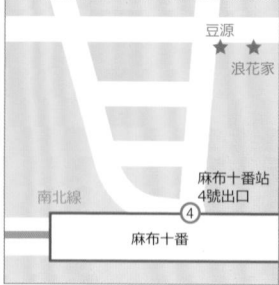

美食資訊

浪花家總本店

- 🔜 搭地鐵南北線、大江戶線於「麻布十番」站下車，從4號出口徒步1分鐘。
- 😊 ★★★★☆
- 🕐 10:00-20:00（外帶）、11:00-19:00（內用）（定休日：週二、每個月第三個週三）
- 🏠 東京都港区麻布十番 1-8-14
  p.s.秋冬季節人潮比較多，建議選擇夏天。

旅遊資訊

麻布十番

- 🔜 大江戶線「麻布十番」站或南北線麻布十番站，從4號出口便可以抵達「麻布十番大通」

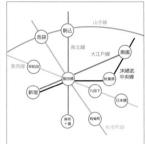

美食資訊

紀の善

➡ 搭地下鐵南北線、東西線、有樂町線、大江戶線在「飯田橋」
站下車，從B3出口右轉10公尺便可抵達。搭JR中央總武線
也可到「飯田橋」站，但該站相當龐大，且JR與地鐵之間並
沒有相通。

🍴 ★★★★☆

🕐 11:00-20:00 （週日與國定假日18:00就打烊，定休日：週一）

📍 東京都新宿区神楽坂1-12 紀の善ビル

旅遊資訊

神樂坂

➡ 搭地下鐵南北線、東西線、
有樂町線、大江戶線在「飯
田橋」站下車，從B3出口便
是神樂坂鬧區的起點。

11

美食資訊

梅園

- 🔄 從淺草的雷門往淺草觀音寺的方向沿著仲見世通，第5條巷子左轉即可抵達。
- 📷 ★★★★☆
- 🕐 10:00-20:00（公休日：週三）

旅遊資訊

淺草觀音寺

- 🔄 如果你的目的很單純，只想逛逛淺草的雷門，為方便起見，請務必走銀座線的「淺草」站出口。

  從雷門沿著「仲見世通」商店街直到「淺草寺」的這段路是淺草最熱鬧的地方，熱鬧的程度只能用不像話來形容！

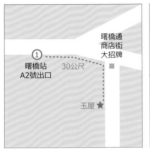

美食資訊

玉屋（曙橋本店）

- ➡ 搭乘地下鐵新宿線在「曙橋」站下車，從A2出口右轉不用過馬路一直走，不到30公尺便可以看到「あけぼの橋通り商店街」的大招牌，右轉進商店街不到50公尺即可抵達「玉屋」。

- 😊 草莓大福★★★★★、各種果凍★★★★☆、分銅最中★★★★☆

- 🕘 9:00-19:30 （全年無休）

- 🏠 東京都新宿區住吉町8-25
  p.s.在玉屋買草莓大福，如果沒有在店內立刻吃完，我誠心建議請立刻找個可以野餐的地方或邊逛街邊吃，這樣才可以吃到大福最新鮮的狀態。

旅遊資訊

靖國神社

- ➡ 搭地下鐵東西線、半藏門線或新宿線在「九段下」站下車後從1號出口循著指示標示步行5分鐘即可抵達。

美食資訊

元祖塩大福みずの

➡ 搭 JR 山手線在「巣鴨」站下車，出車站過個馬路往「巣鴨地藏通商店街」走去，步行時間從車站到店家大約只需 3～4 分鐘。

⭐ ★★★★★

🕐 9:00-18:30（全年無休）

📍 東京都豊島区巣鴨 3-33-3

旅遊資訊

巣鴨老人街

➡ 「巣鴨地藏通商店街」這條老街可不只是年代久遠（從江戶時期至今），還是個名符其實的「老」街，巣鴨號稱「歐巴桑的原宿（おばあちゃんの原宿）」，顧名思義，商店街的商品幾乎以熟年階層為銷售對象。

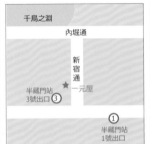

美食資訊

一元屋

➡ 搭地鐵半藏門線在「半藏門」站下車,從3號出口出站,一出站立刻見到一元屋招牌。

☺ ★★★★★

🕐 週一～週五8:00-18:30 、週六8:00-17:00 / 定休日:週日與國定假日

📍 東京都千代田区麴町1-6-6

旅遊資訊

東京車站

➡ JR系統的山手線、京葉線、中央線、橫須賀線、總武線、京濱東北線與所有關東地區的新幹線,以及地下鐵丸之內線。此外也可以搭有樂町線到「有樂町」站或搭千代田線、日比谷線、三田線到「日比谷」站,有樂町與日比谷站與東京車站的地下街是相連通的。

🕐 東京一番街時間10:00-20:30
拉麵街時間11:00-22:30

金鍔

たのは享保年間
いわれています
前を丸んで焼い
を称して売られて
形が刀の鍔のよ
黄金の焼き色が
で江戸は金本位
金鍔と名付けら
ながらの丸くて
る出来るだけ薄
以来です

たがり

野菜
菜をた後 かりんとう
菜のさっぱりかりんとう

和三盆
菜をた後 まころん
懐しくほどける 和三盆使用

黒糖
菜をた後 かりんとう
沖縄産黒糖使用

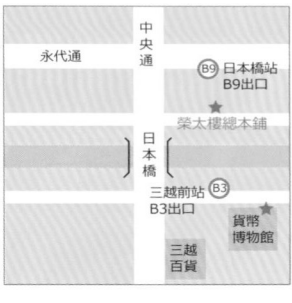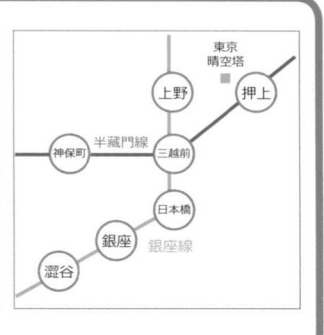

美食資訊

榮太樓總本鋪

- ➡ 淺草線、銀座線、東西線「日本橋」站下車，出口B9徒步1分鐘。
- ◎ 金鍔★★★★★、各種油菓子、罐裝水羊羹★★★★☆
- ◷ 9:00-18:00（定休日：週日、國定假日）
- ⌂ 東京都中央区日本橋 1-2-5

旅遊資訊

貨幣博物館

- ➡ 最近出口：地下鐵銀座線「三越前」站（出口B3）徒步1分鐘。
- ◷ 9:30-16:30（定休日：每週一與國定假日）
- Ⓢ 免費

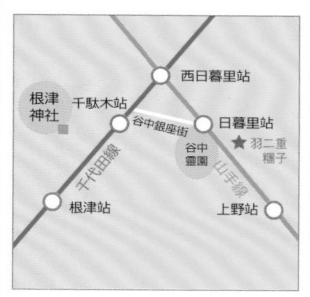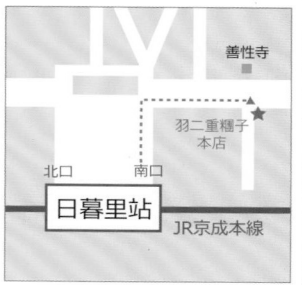

美食資訊

羽二重糰子

- 1、羽二重糰子位於JR山手線「日暮里」站附近，從南口出去右轉直走約5分鐘即可抵達。
- 2、店家位於「善性寺」的正對面，從車站出來到處都有標善性寺位置的地圖，直接找善性寺也方便。
- ⊙ ★★★★☆
- ⏰ 9:00-17:00（全年無休）
- 📍 東京都荒川区東日暮里5-54-3

旅遊資訊

谷根千及谷中靈園

- 順著下坡路一路走去，不到1分鐘便可抵達谷中銀座老街（可搭配上冊P.144的「順帶一遊」）。
- 前往「日暮里」站可以搭乘JR山手線、京濱東北線與都營日暮里舍人線。

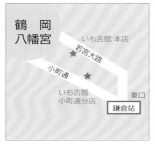

鶴 岡
八幡宮

いも吉館 本店

若宮大路 ★

小町通 ★

いも吉館
小町通分店

東口

鎌倉站

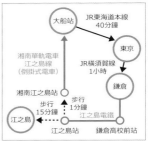

大船站　JR東海道本線
40分鐘

東京

湘南單軌電車
江之島線
(倒掛式電車)

JR橫須賀線
1小時

鎌倉

湘南江之島站

步行
1分鐘

步行
15分鐘

江之島

江之島電鐵

江之島站　鎌倉高校前站

美食資訊

いも吉館

➡ 在鎌倉的小町通和若宮大路上各有一家，紫芋霜淇淋的招牌相當好認。

☺ ★★★★☆

📍 神奈川縣鎌倉市小町2-8-4

🕐 9:30-18:00（全年無休）

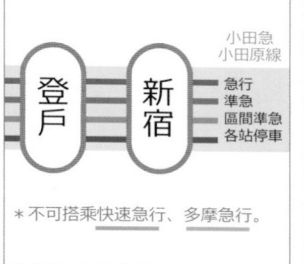

* 不可搭乘快速急行、多摩急行。

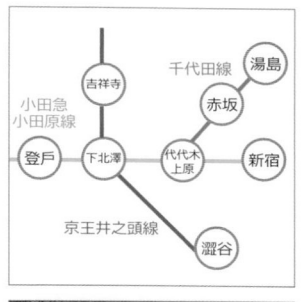

旅遊資訊

哆啦A夢紀念館

➡️ 在新宿搭乘小田急電鐵的小田急線，在登戶站下車，小田急線除了「快速急行」列車不停靠登戶站以外，其他的「準急」「區間準急」與「各站停車」的列車都會停靠登戶站，不論「準急」「區間準急」或「各站停車」，車資都是一樣，可以持有SUICA搭乘，從新宿到登戶的搭車時間約20分鐘（「準急」與「區間準急」班車）。

🕐 紀念館一天開放四個入場時間，分別是每天10、12、14、16時，預約購票時就得清楚選擇，假期與連休的日子往往不容易訂到。

💲 入場費大人1000日圓、高校中學生700日圓、4歲～小學生500日圓（須事先預約）。「登戶」站下車後，車站門口接駁公車單程車資大人為200日圓、兒童100日圓，可以用SUICA卡支付。

🏠 〒214-0023 神奈川県川崎市多摩長尾2丁目8番1号

東京B級美食 ㊤

在地老饕隱藏版美食探險之旅

B級美食／主食／超值

你聽過拉麵或沾麵，但你知道東京內行人吃的沾麵店是哪一家嗎？你吃過東京高級燒肉店叙叙苑，但你知道他還有CP值超高的便宜午餐嗎？你認為在東京吃飯很貴，但你知道260日圓就能飽餐一頓又有浪漫氣氛的地方嗎？

定價399元

在地老饕隱藏版美食探險之旅

東京B級美食

甜點／伴手禮 下

黃國華 著

序
吃漢旅程的故事

我的創作從財經投資書、金融商業小說、旅遊書到這本關於旅遊美食的書籍，轉變的過程相當巨大且艱辛，一如本書的採訪過程，書寫本作所獲得的樂趣與酸甜苦辣，絕對是自己人生中最值得回味的篇章。

2013年，我為了這本書的創作前前後後跑了許多趟東京，除了一道道食物喚醒自己封塵許久的人生回憶以外，本來想藉這幾趟美食探訪之旅來尋求人生的出口（中年男人嘴巴最愛講的話），卻意外地找回了自己遺忘許久的「胃口」。當然，為了創作，自己的體重與腰圍也只能被無情地犧牲了。

也由於我不想步入美食行銷節目的後塵，這幾趟採訪完全是自費，而且幾乎是秘密採訪，在過程中吃盡了許多苦頭。或許大家不曉得，許多東京的餐廳是不受訪的，我就曾經遭遇拍照拍到一半被主廚趕出店家的無情對待，只能將食物外帶到附近馬路邊的座椅上繼續拍照，拍完照之後窩在路邊細細品嚐，頂著大太陽還一邊作筆記。

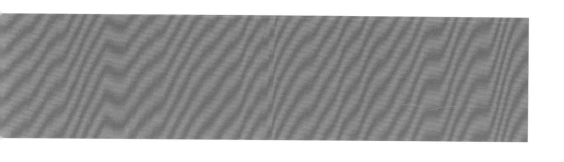

　　此外，有些甜點店不允許我在店內拍照（連自己買的甜點都不允許），聰明的我甚至還老遠從台灣帶了六、七個陶瓷碗盤在附近百貨公司的休息區內，將採購的甜點仔細地在自備的瓷盤上擺盤、打燈、攝影，還因此引來賣場警衛的關切呢！

　　日本有些店家的老闆屬於「頑固老爹型」，如果他認為你的形跡可疑，他會制止人使用閃光燈，只能克難地用手機來捕捉美食影像。所以，採訪的過程，總覺得自己好像小偷一樣躲躲藏藏，連拿個筆記本記下品嚐的心得或食材的細節，都會引起老闆或店員的側目。

　　幾趟採訪所動用的人力與金錢，絕非本書版稅收入所能回收，由於每家餐廳的招牌餐點通常動輒六、七道，為求採訪的豐富性與完整性，我必須全數自掏腰包來點餐，甚至為了採訪過程的精準，還花錢聘請日文翻譯來參與採訪品嚐過程呢！

　　日本餐廳的食物很少可以打包外帶，所以不論我點了多少道餐點，都

必須當場吃完。或許很多人不曉得，除非幼兒或臨時發病，否則顧客如果沒有大致吃完餐點，餐廳的廚師或老闆會感到很內疚，跑到客人旁邊幾哩咕嚕地詢問半天：「我的拉麵不好吃嗎？」「我的蛋糕不新鮮嗎？」……在日本餐廳的潛規則中，沒有吃完是

很失禮的行為，因為那會刺傷廚師的自尊心，每每為了採訪順利，經常得將許多超大碗的餐點硬著頭皮吃下肚子裡。

當然，也有遇到讓人愉快甚至感動的事情，如賣傳統日式甜點的一元屋老闆，當他知道我是從台灣來採訪的作家後，還多招待了我幾個甜點。他是這樣說的：「這幾個甜點不是因為感謝你的採訪，而是感謝你們台灣人在311大地震時對日本的援助。」

吃飯是人生的大事，也是旅行的大事，每頓飯每家餐廳每道菜和旅人之間必定會發生一些故事，用味道所勾串出的人生百態，每天都得上演好

幾回，最後我想用影響自己一生最重要的座右銘來揭開本書的閱讀：「人為了三餐努力工作，但總是不努力地面對三餐。」

CONTENTS

五、和菓子伴手禮

草莓大福——玉屋

鹽味大福——元祖塩大福みずの

最中——一元屋

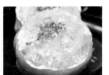

金鍔——榮太樓總本舖

豆菓子——麻布十番豆源

草餅——志"満ん草餅

好逛地點版 · 目錄

想看看夜景好浪漫

想來個下町特色小地方之旅

想走跳博物館

使用說明

本書文章以介紹食物店家為主，旅遊地為輔，以期介紹出最有特色的美食。每篇都有一個「美食店面」和「順帶一遊」的景點，好吃＋好逛，就是旅遊的王道！

● 店名

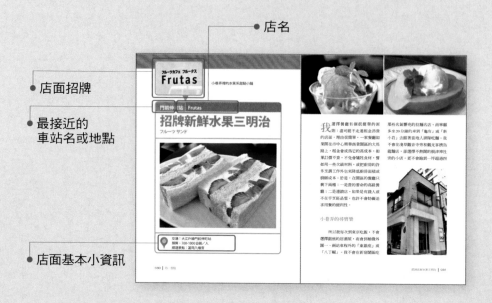

● 店面招牌

● 最接近的
車站名或地點

● 店面基本小資訊

● 這裡都是總幹事黃國華最推薦的招牌菜，讓你點菜不走冤枉路！
另附上照片，不會講日語的，就用手指指給店員點菜吧！

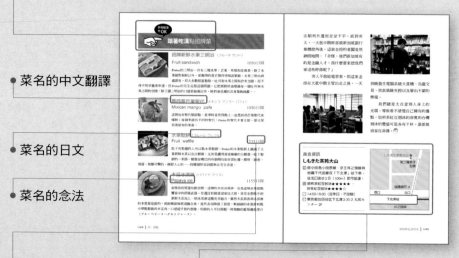

● 菜名的中文翻譯

● 菜名的日文

● 菜名的念法

● 這是2013年的參考價格

● 這裡是店面的參觀資訊，以及易迷路者也
看得懂的地圖，絕對讓你簡單就找到！

● 順帶一遊是最接近美食店面的好逛地點。
　吃完飯怕肚子不消化？來到景點走一走吧！

● 「順帶一遊」的最後會附上「當地簡易地圖」
　或是「建議行程表」，讓你簡單規劃好行程！

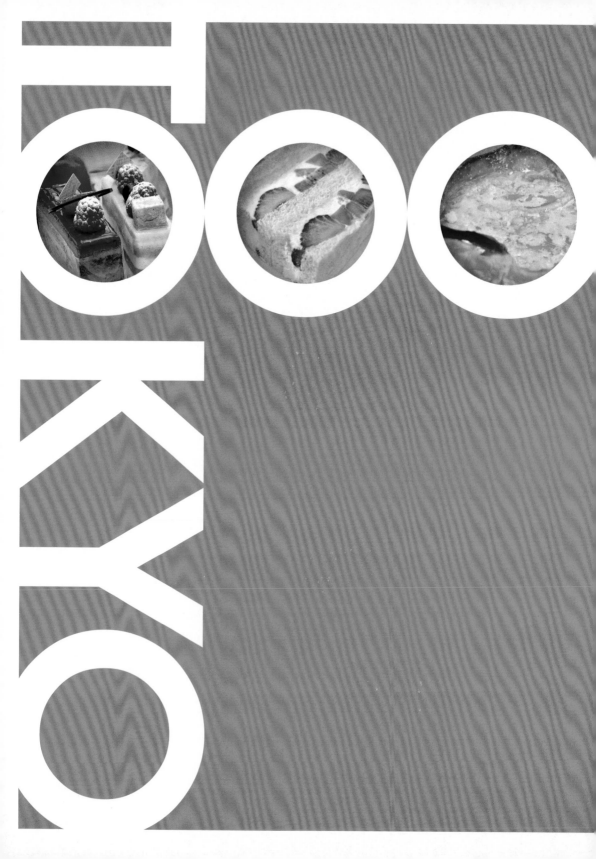

四、
甜點

東京第一排隊甜點：吃過這裡的蛋糕，餘下的
其他都只是庸脂俗粉

吉祥寺站 　á tes souhaits!（アテスウェイ）

焦糖的激情
ヌガー パッション

交通：JR吉祥寺
預算：每份甜點在350-2500日圓之間不等
順遊景點：國營昭和紀念公園

這家小西點店á tes souhaits!（アテスウェイ）說不起眼還眞的是很不起眼，但他的知名度在東京甚至全日本可說是首屈一指！原因是經營者**川村英樹**是可是甜點大賽的世界冠軍！

曾在東京的飯店製作了11年甜點的川村，代表日本參與糕點大賽，並於九七年就奪得世界總冠軍，成爲首名奪此殊榮的日本人！之後還被法國的四星級飯店延攬爲甜點師傅。連講究甜食的法國人也肯定他，難怪他回國開店之後，店裡的客人簡直是蜂擁而至。

不過，想要探訪這家店的我，不免陷入掙扎。這家稱得上東京第一甜點排隊名店，到底合不合乎本書的創作宗旨「B級美食」？但在我實際品嚐之後，再也無法思考這個問題。能不能讓人吃到心滿意足、感到此生無憾，才是本吃漢推薦的唯一標準！

á tes souhaits!位於東京女子大學對面住宅區的雙線道上，離JR車站有些距離，店家位於「東京女子大學前」門口，從JR吉祥寺站北口出口搭上西10路公車，10分鐘左右就能到達「東京女子大學前」的巴士站。不過，最快的方式是從JR西荻窪出車站後搭計程車，只要拿著印有店名大字的地圖給司機看，司機連地圖都不用瞄就

能心神領會的把人載到店門口。

　　店裡的內用區只有三個小圓桌可坐，所以客人多半以外帶爲主。在品嚐的過程中，我目睹有開著高級轎車來排隊購買的，也看到好幾部計程車停在路旁等候下車排隊購買的客人。

　　店內外的座位不多且謝絕攝影，我只好拿到店外的小桌上去拍攝，沒多久，穿白色工作的西點師傅就出來告知我不希望拍攝，我只能外帶把蛋糕包到附近吉祥寺的小咖啡廳慢慢品嚐與攝影。在我採訪過程中，這是唯一一家擺明了謝絕報導的店家，這和台灣一堆什麼「××玩家」「××有約」「××大探索」完全不一樣，店家的姿態相當高，難怪沒有台灣媒體採訪過。

是什麼讓不愛吃甜食的死硬中年破了戒？

　　從小被告知吃甜食會蛀牙、吃甜點會發胖、吃甜點會讓一堆什麼脂肪血壓指數飆高，所以我是個不愛吃甜點的死硬派，直到那一天

闖進á tes souhaits! 後，我完全蛻變成甜點漢；品嚐過á tes souhaits!之後，我對於甜食，宛若多年清修的高僧破了戒，宛如守寡三十年的鰥夫寡婦再度享受性愛快感。

　　法文的á tes souhaits! 其實就是「滿足你的願望」的意思，我個人覺得此店名……當之無愧！眞正好吃的甜點，就算吃到體重破表、吃到體脂肪飆高，一切都是值得的。唯一的遺憾是回國之後，心中浮出了這句電影台詞：「這輩子要是再也吃不到如此美味，該怎麼辦？」

　　店裡販售的甜點種類高達幾十種，且不同季節有不同的水果食材，所以，當讀者拿著本書按圖索驥時，店內販售的與我所介紹的甜點也許不太一樣，但基本的款式不變，只是時令的水果加以調配。如果店內客滿，也可以選擇外帶，但由於完全是新鮮材料，所以這裡的服務小姐很貼心的把外帶西點以膠帶固定住，還在紙盒內壁貼上保冷劑，千交代萬交代必須在一小時內食用。我建議走個路散步到附近的井之頭公園去享用，也是很棒的選擇。

跟著吃漢點招牌菜

手指點菜也OK

焦糖的激情（ヌガー パッション）
Nougat passion   480日圓

這道甜點的名字看不出其中的名堂，直接翻譯是「焦糖的激情」，其甜味的來源不是一般的糖而是蜂蜜，表面乍看之下以為是起司，但其實是杏仁。蛋糕本體內藏了一堆果粒，層次之豐富，真的是除了「激情」外，再也找不出更適當的形容詞來說明了。

覆盆子香草（フランボワーズ バニーユ）
Framboise Vanille   480日圓

店內的甜點就以這道「覆盆子香草」最為鮮豔，上頭擺了新鮮草莓，主體是覆盆子蛋糕，底層撲滿了香草，應該是店內最受歡迎的甜點之一。因為當我在店內面對幾十種琳瑯滿目而無法挑選時，擺在櫃子的覆盆子香草竟然漸漸消失……最後只剩下最後一份。只得當機立斷，馬上搶下！

檸檬開心果（ヌガー フリュイ デ ボワ）
Nougat Fruits des bois   360日圓

店裡的蛋糕所搭配的水果，會依季節的不同變換，處理的方式也不盡相同，搭配這個檸檬蛋糕的草莓和桑椹，完全是新鮮水果所以表皮無須用糖漬塗抹，檸檬蛋糕香味偏酸但卻格外清爽，咬下草莓和桑椹，噴出來的新鮮果液搭配檸檬蛋糕，除了用幸福的滋味來讚嘆以外，也想不出什麼形容詞。

水果塔（タルト オ フリュイ ルージュ）
Tarte auxfruits Rougex　　　　　　400日圓

一般常見的水果塔多是在派皮上塗抹卡士達醬
（Custard）來固定水果，用心一點的店家頂多用糖漿
或奶油，在水果底層塗層糖漿。但á tes souhaits! 不愧
是東京屬一屬二的名店，他以自製的新鮮草莓醬固定
整份鬆餅，凝固的草莓醬有點類似糖葫蘆外層糖漿，
但卻不會太硬，味道清香但不會過於甜膩，絕非一般
卡士達有股人工添加香味。

覆盆子奶酪檸檬蛋糕（デリスシトロネ）
Delice citrone　　　　　　　　　　470日圓

表面看起來好像很單純，鮮奶油加上幾顆藍莓淋在蛋
糕上頭，但蛋糕在鮮豔黃色外表下卻有豐富的口感，
除了奶酪外我還嚐到了生薑的味道，鮮奶油內還滲透
出多層次的檸檬和酸橙滋味，在口中的一切滋味，只
能用「恨不得時間能夠凍結這一切」來形容我當下的
心情。

覆盆莓巧克力蛋糕
（フォンダン ショコラ フランボワーズ）
Fondant chocolat　　　　　　　　360日圓

這道甜點更神奇了，乍看之下有桑椹、巧克力和慕
斯，原以為這只是道又酸又甜又濃的糕點，但沒想到
廚師竟然用紅茶來提味，略帶苦澀的英式伯爵茶，將
這一大堆口感過濃的材料轉得爽口。吃過這道巧克力
慕斯後，只能讚嘆老闆川村英樹能拿下的世界西點冠
軍，絕非浪得虛名。

美食資訊

á tes souhaits!

- ☺ 推薦度破表超過★★★★★
- 🕐 11:00-19:00 ／ 定休日：週一、假日翌日（國定假日的隔天）
- 🏠 東京都武藏野市吉祥寺東町3-8-8 カサ吉祥寺2

跟著吃漢點招牌菜

萊姆慕斯蛋糕（アシジュレ）
Ashijule   380日圓

這道看起來很單純，但相信所有老饕都曉得，外表越單純的食物，其中的味覺越是千變萬化。我無法多點幾份來品嚐裡頭的奧妙，在自己有限的甜點經驗下可以吃出裡頭有微酸的百香果果醬、微甜的白巧克力以及萊姆的香氣，相當爽口。可惜的是，我無法多準備一個胃來裝更多萊姆慕斯蛋糕，否則應該還會有其他不同的感受。

桑椹草莓青蘋果蛋糕（マンサナヴェルデ）
Manzanaurude   470日圓

慕斯用的是義式蛋白霜，口感非常的輕盈且入口即化，有趣的是上頭那塊綠色甜點竟然是棉花糖，吃到最後，所有的果香全部融在棉花糖裡面，我捨不得吞下棉花糖，選擇慢慢地讓棉花糖在嘴裡一點一滴的融化。

聖多諾黑香醍泡芙（サント ノーレ オ マロン）
Saint-honore aux marrons　　　　　　400日圓

聖多諾黑香醍泡芙餅底是很輕脆的酥餅（派），比一般派皮不同之處在於口感偏硬，派皮不會讓手指頭沾得油膩膩的，比較像有香草味的脆餅。派皮上有著三顆外皮裹上糖漿，沾上碎巧克力與白色糖粉的泡芙，再以具有香濃栗子味的慕斯層層滿滿的堆疊而成。最上端有顆醃漬過的栗子，除了增加整體美感外也增添不少口感，入口時的味道相當豐富，一共有栗子、慕斯、泡芙三種口感，吃起來相當怡人。

焦糖布丁（フランキャラメル）
　　　　　　　　　　　　　　　380日圓

上層白色部分是用純鮮奶作成的慕斯，口感綿密又甜得剛剛好。中間的布丁本體，口感沒有市售布丁那種虛假的的化工Ｑ度，吃慣罐頭布丁的我，吃上一口這裡的焦糖布丁，只能說那些用一堆化工原料製作而成布丁是庸脂俗粉，口感幾乎是入口即化。布丁裡頭有一些氣泡，足以證明這是用人工打製而非機器生產，融化的布丁可別立刻吞下肚子，讓舌頭感受一些什麼是宛若「絲絨」的觸感，好像廚師在自己的舌頭上鋪上一層香甜地毯，這地毯隨著嘴巴的溫度慢慢融化與身體合為唯一。

國營昭和紀念公園
想找人煙少的紅葉名所嗎？

經常前往東京自由行的人應該都曉得，如果想要避開人潮，從新宿跳上往東京西郊的JR中央線準沒錯。無論是購物、賞櫻、賞楓、品嚐美食，或沒有目的的隨意散策。1

尤其是賞楓。市區幾處紅葉名所往往人滿為患，且多數屬於日式造景庭園，華麗巧工有餘，但總覺得不夠大器。如果想要一窺滿山滿谷的大片楓紅，不必舟車勞頓跑到日光、福島或更遠的東北地區。我有一個私心推薦景點：昭和紀念公園。

　從新宿車站搭乘 JR 中央線青梅快速列車，33 分鐘可以抵達 JR「西立川」站，走出車站走過天橋，視野遼闊占地 180 公頃（台北的大安森林公園占地 25 公頃）的「國營昭和紀念公園」立刻映入眼簾。

　國營昭和紀念公園原是日軍立川空軍基地，為紀念昭和天皇在位 50 週年，於 1983 年 10 月 26 日開園。偌大的紀念公園分為三大區：水區、大廣場區、森林區。水區有水鳥之池、花木園、賞鳥區、游泳池、親水廣場。大廣場區內有蜻蜓濕地、野餐區、溪流廣場、櫻花園。森林區內有日本庭園、兒童森林……等等。

　昭和公園的秋葉以金黃的銀杏為主，紅葉集中在日本庭園和水鳥之池，銀杏林集中在運河廣場以及蜻蜓濕地附近，比起東京都內的幾條銀杏大道豪邁許多。2

步行逛一圈包括休息賞景的時間，至少要3個小時，但時間或腳力受限者不用擔心，因為入園處有腳踏車出租處以及遊園列車。租自行車的保證金200日圓，租三個小時也才300日

圓，超過三小時後每小時加收100日圓。遊園列車搭乘一次300日圓，當然也可以花400日圓購買一日PASS。₃

由於面積實在太大，加上園內四季皆有不同花草樹種在不同區域綻放，為了節省時間，可以在入園處索取四季不同的散步建議圖，由此可見日本人在觀光經營上的貼心。

最值得推薦的是「日本庭園」這座園中之園，是利用自然小丘、池塘加上日式典型人工造景合而為一打造而成，也是昭和紀念公園內遊客比較多的地方。庭園為「池泉回遊式庭園」，也就是整座庭園圍

繞在池塘四周，利用池水、小橋、植被和休憩小亭的交互搭配，除了四季不同的植被外，我特別喜歡園內修剪整齊的老松，如果在遊客稀少的季節，整座庭園有著陶淵明筆下「桃花

源」似的濃濃氣氛。[4]

　　從「西立川」站搭JR中央線回東京市區，路上可以在「吉祥寺」下車逛藥妝店、井之頭公園、吃「天下壽司」、到The original PANCAKE HOUSE吃鬆餅（見P.50），也可以在西荻窪站下車吃東京第一名的甜點á tes souhaits!。一趟下來，你就是東京自由行的識途老馬，不必和成群觀光客擠在裝模作樣、「所謂的」熱門景點與媒體公關美食之間。[4]

參觀資訊　國營昭和紀念公園

➡ 從新宿車站搭乘JR中央線青梅快速列車，33分鐘可以抵達JR「西立川」站，走出車站走過天橋就到。

🕐 9:30-16:30

🏠 大人400日圓、中小學生、小孩80日圓。

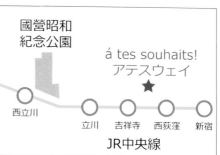

フルーツカフェ フルータス
Frutas

小巷弄裡的水果系甜點小舖

門前仲町站　Frutas

招牌新鮮水果三明治

フルーツ サンド

交通：大江戶線門前仲町站
預算：700-1000日圓／人
順遊景點：富岡八幡宮

我選擇餐廳有個很簡單的原則：盡可能不走進租金昂貴的店面。理由很簡單，一家餐廳如果開在市中心精華商業鬧區的大馬路上，租金會成為它的高成本，如果訂價不貴，不免會犧牲食材，譬如用一些次級材料，或把廚房的許多烹調工作外包來降低廚房面積或廚師成本。於是，在鬧區的餐廳只剩下兩種：一是貴的要命的高級餐廳；二是連鎖店。如果是有錢人或不在乎烹飪品質，也許不會妨礙追求用餐的便利性。

小巷弄的尋寶樂

所以我每次到東京吃飯，不會選擇銀座的居酒屋，而會到稍微外圍一、兩站車程外的「東銀座」或「八丁崛」。我不會在新宿鬧區吃那些名氣響亮的拉麵名店，而寧願多坐20分鐘的車到「龜有」或「新小岩」去跟著當地人排隊吃麵。我不會在淺草觀音寺旁和觀光客擠烏龍麵店，卻選擇不熱鬧的根津神社旁的小店。更不會跑到一坪超過四

千萬日圓的銀座，去吃那些只有貴婦才吃得起的高貴甜點，反倒喜歡到「門前仲町」站這類小巷弄去尋寶。

果真，我如願地在「門前仲町」站富岡八幡宮對面的僻靜馬路上，找到了讓我感到幸福的甜點小店。

日本的甜點店大致分成四大類：蛋糕系、和菓子系、冰品系與水果系，有些店是壁壘分明，堅持自己菜單的單一性，有些店則是混雜各種不同類型的甜點。依我的經驗，那些只賣同類型的甜點店，通常比較好吃。

水果＋甜點的真滋味

位於富岡八幡宮門口正對面的「Frutas」，是專門提供水果類甜點的店家，其甜點完全採用新鮮水果現作而成，店面相當小，兩張小桌子加上吧檯，頂多只能接待8～9位客人，店家還在料理台上頭裝了一面鏡子，方便讓坐在小桌子的客人全程觀看製作過程，顯現出老闆對材料的信心，除了新鮮食材外沒有任何不該添加的材料。

我這輩子從來不曾在甜點中享受到這麼大的樂趣，經歷過Frutas的**水果魔法秀**後，我只能說：

「人生從此不一樣了！」

同樣的水果甜食在銀座恐怕得多花50％的價錢才能吃得起呢，店租在美食品嚐中扮演著毀滅性的角色，在各行各業中都是如此。我在金融業某銀行上班時，曾經提了「分行搬遷」的企劃案，和同事們花了好幾個月的時間說服高層主管，將某兩間位於台北東區鬧區的

跟著吃漢點招牌菜

招牌新鮮水果三明治 （フルーツ サンド）
Fruit sandwich
1050日圓

Frutas的三明治一共有三種水果：芒果、草莓和奇異果，除了水果絕對新鮮以外，更難得的是它製作得相當緊緻。水果三明治到處都有，但大多數相當鬆散，吐司和水果之間有許多空隙，而不得不用牙籤來串連。但Frutas的完全克服這個問題，它把新鮮奶油填滿每一個吐司與水果之間的空隙，除了讓三明治的口感更飽滿以外，鮮奶油也襯托出**水果的冰甜，**。

墨西哥芒果聖代 （メキシコ マンゴー パフェ）
Mixican mango pafe
1050日圓

這裡也有聖代類甜點。夏季時當然得點上一盅墨西哥芒果聖代來嚐鮮！每個季節有不同的聖代，Frutas的聖代不會太甜，卻又保持著原有的果香。

水果鬆餅 （フルーツ ワッフル）
Fruit waffle
735日圓

肚子有點餓的人可以點水果鬆餅，Frutas的水果鬆餅上鋪滿了大量新鮮水果以及白糖霜，尤其是灑得密密麻麻的白糖霜，咬下鬆餅的一剎那，糖霜在嘴巴內外散開有如吞雲吐霧，醇厚、綿密、滑溜、無懈可擊的、撫慰人心的……找哪個形容詞都無法完全表達。

木瓜冰淇淋 （パパイヤ アイス）
Papaya ice
1155日圓

如果你的胃還有點空間，這裡的木瓜冰淇淋一定是這場水果甜點饗宴中的終極武器。在還沒有踏進這家店之前，我完全想像不到新鮮木瓜加上一球冰淇淋這種完美組合，雖然木瓜與香草冰淇淋的本質都是甜的，但兩種甜味經過融合後，竟然各自降低了甜度。軟綿綿的冰淇淋和鬆中帶點緊緻的木瓜肉，口感超乎我的想像，怕甜的人可以搭配一杯微酸的藍莓優格果汁（ブルーベリーヨーグルトジュース）。

分行由一樓搬到二樓。一開始公司很擔心客戶因此會流失，吸引不了所謂的過路客，但經過一年的結算下來，成效比我們當初預期的還要大很多。除了原有客戶沒有流失外，還因為位在二樓比較有隱密性而吸引到一些存款大戶。流失的，多半只是那些過路進來吹冷氣的路人甲，除了降低了60％的房租以外，還因為二樓不怕水淹不易遭搶，而降低了50％的保險與保全費用，更寬敞的辦公環境以及少了路人甲的干擾，同事工作氣氛也跟著提高，每人的業績拓展量還成長不少。第二年起，公司便訂出每年搬遷一、兩家分行的政策，至今也沒聽說那間銀行少賺什麼錢。

所以，除了那些必須擺門面的精品店外，誰說作生意一定要坐擁什麼黃金地段金店面？只要產品夠優、服務夠好、食物夠迷人，客人自然會找上門來。

沒有信心的商家只能打腫臉充胖子，淪落到替房東賺房租的過路財神了。

美食資訊　Frutas

➡ 1、搭地鐵東西線在「門前仲町」站下車，從2號出口出去後右轉沿著「永代通」徒步2到3分鐘即可抵達。
2、找不到地鐵出口或搞不清楚方向的人可以直接找富岡八幡宮，該店就在富岡八幡宮門口的正對面。

😊 ★★★★★

🕐 11:00-19:30（定休日：週三）

🏠 東京都江東区富岡1-24-6

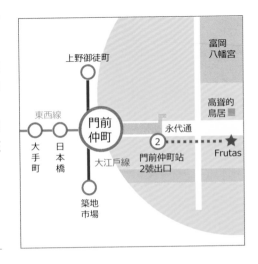

富岡八幡宮
來這裡看江戶的三大祭典深川祭

　　在 Frutas 正對面有座富岡八幡宮 ₁，在東京的眾多寺院神宮的景點當中，算是相當冷門的。正因為鮮少觀光客造訪，所以來富岡八幡宮更能體會當地人的宗教信仰與真實生活的一面。

　　八幡宮顧名思義乃是祭拜八幡神，然而八幡神並非只是單一神祉，以應神天皇為主神，左右為比賣神和神功皇后，三座一體合稱八幡神（亦稱八幡三神）。日本從北到南少說也有幾百座八幡宮或八幡神社，其中最有名氣的應該是鎌倉的鶴岡八幡宮，至於座落東京門前仲町附近的富岡八幡宮，其名氣雖然略遜於鶴岡八幡宮，但由於江戶的三大祭典其中的深川祭（另兩個祭典分別

是神田祭與山王祭）的主辦地點正是富岡八幡宮，所以對日本人尤其是東京人而言，富岡八幡宮的重要性也相當高。2

富岡八幡宮在每年八月中旬（13-15日）舉辦深川祭，除了這幾天以外，富岡八幡宮比起東京其他知名寺院如明治神宮、淺草寺，人潮少了許多，參拜起來格外有股靜謐的肅穆感受。

富岡八幡宮完成於寬永4年（1627年），當年這一帶還只是個東京灣內的小島（永代島）的沙洲，可說是老江戶時代的海濱，隨著1590年德川家康打造江戶城以來，慢慢地填海造地，江戶蛻變成現代大都會東京，海岸線已經往南移到台場與迪士尼樂園，昔日的所謂江戶（隅田川出海的門戶）早已不再是海濱小町，而成為東京最富盛名的地區——**下町（北從淺草、西到谷根津、南到門前仲町這片區域）**。東京地鐵路線「大江戶線」所經過的區域正是這片所謂的老江戶地區，所以才取名為大江戶線。

神社內有伊能忠敬（1745-1818）銅像，伊能忠敬是繪製日本第一張全國地圖大日本沿海輿地全圖的地圖測繪家，住在江東區深川附近的他，每次外出測量前都會去參拜富岡八幡宮，因此，2001年神社內樹立了他的銅像以茲

紀念。3

　　富岡八幡宮還有個有趣的沿革，它同時也是日本國粹運動相撲的發祥地，當年這裡還是江戶地區相撲比賽的場地，雖然到了今天早已經將比賽移到兩國，但許多相撲選手在重要比賽之前還是都會來此膜拜祈求勝利，而宮內也豎立了許多大關力士碑與橫綱力士碑來紀念歷年來獲得相撲比賽最高等級勝利「大關」的選手。

　　「門前仲町」站附近除了富岡八幡宮以外，還有深川不動堂，

行程規畫上可以在下午兩、三點先到Frutas吃各種甜點，然後利用下午與傍晚，先到富岡八幡宮，再由八幡宮的側門直接到深川不動堂，晚上再回到「門前仲町」站附近的居酒屋大快朵頤一番。4

參觀資訊　富岡八幡宮

➡ 從東京都營地鐵大江戶線、東京Metro地鐵東西線「門前仲町」1號出口，沿著永代通步行約3分鐘，富岡八幡宮的鳥居正好座落在永代通這條大馬路上，相當醒目。

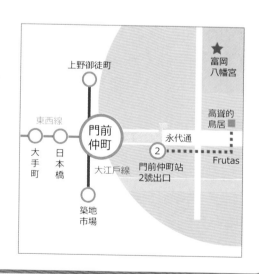

每天只營業四小時的隱藏版冰店，
冠軍茶葉店賣的爽口茶冰

焙煎茶紅豆剉冰

ほうじ茶あずき

 交通：小田原線下北澤站
預算：午晚650 ～ 800日圓／人
順遊景點：下北澤

日本茶有許多種類，特別是台灣沒有生產的抹茶與煎茶，到日本品嚐日式茶飲或茶冰品，應該是多數饕客的必要行程。如果可以在同一家店同時購買茶葉並且吃上一碗茶冰，可說是方便又省事。位於下北澤的這家店，是我所吃過最好吃的日式茶冰品。

走進店鋪，會赫然發現這間「茶苑大山」是間不折不扣販售茶葉的店鋪，門口擺著一台焙茶機，隨時冒出烘茶的濃濃焦香煙霧，老闆大山泰成擁有日本茶師最頂尖的「十段茶師」的資格，在日本茶界具有相當崇高的地位與名聲，它們的茶葉可說是日本的冠軍茶，各式各樣的獎盃、獎狀堆滿了二樓喫茶室的整面牆。開業已

經超過四十多年（1970年開業），從2003年開始經營「喫茶室」，用自己的茶葉製作各種冰品，卻意外地成為東京最負盛名的冰品店之一。

喫茶室位於二樓，要繞到店家後門的樓梯爬上去，由於每天只營業四個小時（14:00～18:00），所以經常得大排長龍，但店家很體貼地從下午一點多就開始發放號碼牌（整理券），所以想要一嚐焙煎茶冰的饕客，記得先去拿號碼牌，店員會告知輪到你的時間帶（例如：14:20～15:20），在時間到之前就不用辛苦地排隊，可以先去下北澤商圈逛個街或吃個飯後再過來。

當老闆知道我們大老遠從台灣來他們店裡吃冰後，還嚇了一跳，除了少有台灣遊客光臨以外，他更納悶的是：「你們台灣的冰品好吃豐盛又便宜，為什麼會想要採訪我

們呢？」

　　這個答案，就留待有緣去茶苑大山的人來回答吧！

　　我以前所處的金融業有「外國和尚比較會唸經」的次文化，許多金控總喜歡祭出高薪去挖角外國高級主管（或退而求其次挖外商銀行主管），但往往會發生水土不服而在兩三年內紛紛離職，但這些金控銀行始終沒有從中得到教訓，走了

一批老外後依舊用更高薪挖下一批老外，除了高層人事不穩定之外，還造成中低階主管因為長年累月無

跟著吃漢點招牌菜

焙煎茶紅豆剉冰（ほうじ茶あずき）／抹茶紅豆剉冰（抹茶あずき）
Houjicha azuki／Majja azuki　　　　　　　　　　800日圓

從Menu上的冰品雖然相當眾多，但最主要的冰品只有兩種，其他都是從這兩種冰品去作各種配料的添加，這兩種分別是焙煎茶紅豆剉冰（ほうじ茶あずき）[1]與抹茶紅豆剉冰（抹茶あずき）[2]。抹茶冰在台灣相當常見，然而焙煎茶口味就相當罕見了，我特別推崇他們的焙煎茶紅豆剉冰，除了罕見以外，焙煎茶的香味有股沉穩的回甘，其微焦味些許沖淡了紅豆的甜，比起其他

茶製冰品**更深奧**，很難形容那滋味，只能用「**這就是日本味道**」來描述我的味覺體驗。

法順利升遷而忿忿不平。直到有
天，一大批中階幹部被新加坡銀行
集體挖角後，這家金控的老闆竟然
納悶地問：「奇怪，他們新加坡有
的是金融人才，為什麼要來挖我們
家這些幹部呢？」

　　旁人不敢給他答案，但這家金
控在大批中階主管出走之後，一天

到晚發生電腦系統大當機、烏龍交
易、放款風險失控以及層出不窮的
弊端。

　　我們總是太在意別人身上的
光環，導致看不清楚自己擁有的優
點。焙煎茶紅豆剉冰的深奧和台灣
剉冰的豐盛可是各有千秋，誰都無
須妄自菲薄。

美食資訊

しもきた茶苑大山

🔜 搭小田急小田原線、京王井之頭線與
　地鐵千代田線在「下北澤」站下車，
　從北口徒步2分（100m）即可抵達。
😊 焙煎茶紅豆剉冰★★★★★、
　抹茶紅豆剉冰★★★★☆
🕐 14:00-18:00（定休日：不定期）
🏠 東京都世田谷区北沢2-30-2 丸和セン
　ター 2F

下北澤
用個性交織而成的文青集散地

1

　　下北澤基本上是一個「大學城」，明治大學和東京大學駒場校區都在附近，是爲了因應大學生日常生活所需而形成的塊狀車站商圈，和新宿澀谷不同的是，它是個兼具下町庶民氣息、小知識份子風格和藝術閒情在一身的地方。

　　車站門口的小小廣場上，不管平假日都聚集許多地下樂團在此表演自己的作品，他們歌唱與創作的目的很顯然不只是純粹的商業走唱，而是唱出他們想唱的東西。聽聽這些年輕人的表演，可以重拾自己往昔那股追夢的懸念。1

　　下北澤除了有劇場和露天廣場的樂團表演之外，更是個尋寶的天堂。許多中古的CD、DVD的商店，除了價格便宜到匪夷所思以外，還能挖到一些夢寐以求的絕版經典唱片呢！不單單滿足阿宅們，下北澤還有許多服飾、帽子、二手包包、小手工藝品和藥妝店。店家多到讓人逛起來只能大嘆時間不夠，便宜的程度更是讓人咋舌。上野的阿美橫丁的平價逛街天堂，碰到下北澤只能乖乖讓出「平價」寶座。**2**

　　下北澤的餐廳除了便宜以外，另一個特色是應有盡有，從庶民東洋飲食、歐式咖啡廳到美式酒吧，甚至於中國料理和墨西哥小吃，一古腦地出現在下北澤的巷弄之間。當然，這和下北澤的主要客群─大學生有關，年輕學生對事物的接受度比較有彈性，也因此發展出下北澤這個站前小

町的特殊氛圍。

　　引用吉本芭娜娜在《喂喂！下北澤》寫道：「**整條街竟是靠著每個人的個性交織而成的**」，用來形容下北澤最貼切不過。

　　位於車站北口的「玉井屋」應該算是巷弄狹小的下北澤地標，「玉井屋」是間賣了五十多年的仙貝老店，它販售的各種仙貝是造訪下北澤的最佳伴手禮。**3**

3

參觀資訊　下北澤

➡ 1、從新宿搭小田急電鐵的小田原線在「下北澤」站下車。值得注意的是，不論是普通或特急的小田原線，「下北澤」站都會停靠。

2、我建議不要在澀谷搭京王井之頭線，也別在新宿搭小田急小田原線，因為澀谷與新宿兩站動線複雜、通勤人數龐大，在這兩站轉車輕則浪費時間，重則迷路。我的建議是搭地鐵千代田線到代々木「上原」站，再轉搭小田原線到「下北澤」站。

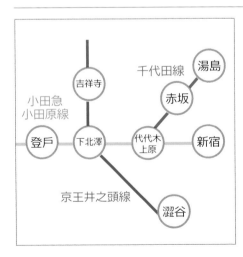

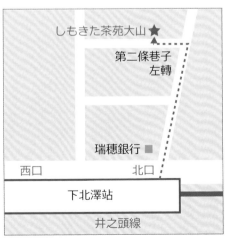

內Q嫩外膨鬆的兩層麵皮，
帶出簡單又迷人的滋味

The Original PANCAKE HOUSE

荷蘭小寶寶

ダッチ ベイビー

 交通：JR吉祥寺站
預算： 2000日圓／人
順遊景點：吉祥寺

這家鬆餅店的日文名字落落長「The Original PANCAKE HOUSE」。位於吉祥寺的這家鬆餅店是美國 The Original PANCAKE HOUSE 連鎖店，也是二〇一三年六月才開幕的亞洲唯一分店，許多住過美國的朋友應該對 The Original PANCAKE HOUSE 不陌生。因為它分布在美國 28 州超過 100 百家以上的分店，是當地頗負盛名的美式早午餐專賣店。

以前我壓根從內心排斥這類美式早午餐餐廳，總覺得那只是甜死人不償命或用美美的虛偽裝潢來騙小女生上門的玩意。另個深層原因，是對「美式」兩個字有著根深柢固的歧視，「拜託！美國人哪懂得吃？」所以對這類鬆餅店、漢堡店或美式餐廳是敬謝不敏。

在我還沒有打算探訪東京美食

之前，就有許多友人向我再三推薦這間位於吉祥寺的 The Original PAN-CAKE HOUSE，基於不想讓這本美食指南淪為個人一言堂，只好為犧牲自己，硬著頭皮走進這種原本打算一輩子不走進去的美式餐廳。

沒想到，這家店狠狠地賞了我一巴掌，它用美味給我一記當頭棒喝，它讓我羞愧地無法面對從前自己「味覺偏見與歧視」，它用美食打開自己鎖得死死的心胸。讓我對美式餐飲完全改觀！

我單純用顧客的角度去看、去

跟著吃漢點招牌菜

椰子鬆餅（ココナッツ パンケーキ）
Coconut pancake　　　　　　　　980日圓

椰子鬆餅的沾醬是以柳橙調配而成，鬆餅上淋上大量椰子粉，好香又好吃！除了椰子口味以外，還有十多種其他選擇！

綜合水果鬆餅（ミックス フルーツ パンケーキ）
Mixed fruit pancakes　　　　　　2000日圓

綜合水果鬆餅上鋪滿藍莓、草莓和香蕉，這是道色香味俱佳的鬆餅，三種水果拼貼出鮮豔的視覺感受，加上鬆餅滑嫩，宛如嬰兒的皮膚。

核桃格子鬆餅（ピカーン ナッツワッフル）
Pecannut waffle　　　　　　　　1200日圓

除了一般圓型軟餅皮的PANCAKE外，這樣還有一系列口味的格子鬆餅（WAFFLE），WAFFLE外皮比較緊實偏硬，喜歡有咀嚼口感的可以點WAFFLE。

荷蘭小寶寶（ダッチ ベイビー）
Dutch baby　　　　　　　　　　1280日圓

最後讓我舉手投降完全臣服於鬆餅世界的超級無敵霹靂終極餐點是荷蘭小寶寶。為何叫Dutch Baby?這是德國家常傳統鬆餅，做大一點的是德國老大German pancake，小一點就是荷蘭小寶寶Dutch baby，所以和荷蘭沒有關係。Dutch Baby是道製作高難度的甜點，不用發粉等發泡材料，卻能在烤箱裡烤成酥脆蓬鬆的誘人外型，Dutch Baby表面有濃濃的蛋汁，以及內外兩層麵衣，吃起來有類似大福的那般軟Q層次感，一出烤箱立刻送到餐桌，並附上糖霜粉、蜂蜜和檸檬，由客人按照口味自己添灑，頗具DIY的樂趣。

聞、去反芻。

幾道鬆餅的饗宴下來，完全扭轉了我對美式鬆餅的刻板偏見，原來其中竟然有如此深奧甜美的味覺世界，終於讓我體會出甜食所具有**召喚內心喜悅的魔力**。

偏見總是會遮蔽自己的視野，限制了自己的探索能力，甚至影響自己的人際關係，偏見讓人無法看清周遭和前方，又不了解過去。職場與理財生涯中我們常有些不合理的偏見如「房價只會漲不會跌」「沒有喝過洋墨水的新鮮人的外語能力一定不強」「比較沉默的部屬一定是不具有口才」「頭銜越多的人越有能力」「經常上電視的名嘴比較專業」……等偏見。所以，每當歲末年終，我總是會反省自己並列出自己的「偏見清單」，作為來年自己成長的目標。

美食資訊
The Original PANCAKE HOUSE

- JR中央線或京王井之頭線在「吉祥寺」站下車往南口徒步1分鐘。
- DUTCH BABY ★★★★★ 、其他PANCAKE與WAFFLE ★★★★☆
- 9:00-20:15（全年無休）
- 東京都武藏野市吉祥寺南町1-7-1 丸井吉祥寺店 1F

p.s. 餐廳附有照片與日英文對照菜單，點餐相當簡單且沒有語言隔閡。

1

吉祥寺
雜貨逛街天堂，入夜後也好逛

　　吉祥寺，這是造訪過數十趟東京的我，最為推崇的逛街天堂之一。吉祥寺沒有一座寺廟或神社稱作「吉祥寺」，若有人宣稱「曾經到過吉祥寺參拜」的話，恐怕就會鬧笑話了。[1]

　　從新宿搭 JR 中央線到了吉祥寺，會赫然發現東京突然換了一個面貌，街上的人潮少了大半，人們臉上的線條柔和了，行走的速度緩慢了，吉祥寺不若新宿的繁忙，但卻更符合逛街天堂的定義。

　　為何是逛街天堂？因為舉凡雜貨、服飾、動漫、電器、美食、藥妝、首飾、禮品……各類商店在吉祥寺應有盡有，這裡的商圈規模可

一點都不比池袋、原宿遜色，論百貨公司不輸給池袋新宿，論商店街規模不輸給上野，論精品店不輸給銀座，論雜貨不輸給下北澤，論動漫家店不輸給秋葉原。更棒的是平日商圈與商店街上只有在地的主婦或學生，逛起來悠閒！吉祥寺一帶有非常多的手作雜貨專門店，除了販售全備的手作材料，也是是手藝成品愛好者的天堂，吉祥寺也被東京人公認為**最適合居住的地方**。

到吉祥寺逛街的兩大目的，一是雜貨和個性小餐飲，吉祥寺一帶有非常多的手作雜貨專門店，除了販售全備的手作材料，也是是手藝成品愛好者的天堂，它的店鋪規模一點不比下北澤遜色。此外，從吉祥寺車站往井之頭公園方向的幾條巷弄，散落著點點文青氛圍的小咖啡廳。2

第二個目的是它入夜後的市集。整個新宿以西的大東京，晚上八點以後大概只剩下這裡可以逛，商圈內集中了日本所有知名品牌藥妝店，可說是東京藥妝店的殺戮戰場，特價品的種類與折扣比其他地方來得多。3

2

3

　　吉祥寺的下一站是三鷹，喜歡宮崎駿的動畫不容錯過「三鷹之森吉卜力美術館」，該美術館有限制單日入場人數且採預定入場制，所以可以在台北先買好票（向旅行社購買即可）或到日本的LAWSON便利商店預約。特別留意的是預約時就必須確認入場日期，但由於知名度太高，所以人潮擁擠，再加上館內面積太小，連賣店結個帳都得耗上二、三十分鐘，怕擠怕吵的朋友請三思。

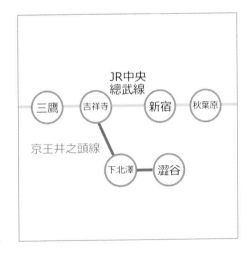

參觀資訊
吉祥寺
➡ 在新宿搭 JR 中央線或在澀谷搭京王井之頭線都可抵達吉祥寺。

下午茶戰區的超級名店

英式下午茶

Afternoon tea set

交通：東急東橫線自由之丘站
預算：英式下午茶每人 2100 ～ 2900 日圓、甜點單點約 1000 日圓左右
順遊景點：自由之丘

坦白說，自由之丘街上可以列為一級美食的洋菓子店相當多，舉凡台灣旅客相當熟悉的mont blanc（モンブラン）、m.koide以及patisserie Paris S'eveille等等。然而像patisserie Paris S'eveille只有外帶服務不方便台灣遊客，m.koide禁止攝影採訪，mont blanc店內位置過少，所以我三度赴自由之丘品

嚐甜點都選擇了「St. Christophers Garden」這家店。

St. Christophers Garden距離車站鬧區稍微遠了一些（但其實也不過五分鐘的步行路程罷了），店裡的空間寬敞，店外還有座小花園可供觀賞。

我必須坦承以前自己是個「甜點厭惡者」，討厭甜點的程度只能用「就算餓了三天三夜也不會想吃半口甜點」來形容，每次只要家裡的早餐是蛋糕甜點，我就會找盡各種理由提早出門上班，只為了逃避甜點。

三年前我為了寫第一本遊記《不只是旅行》，為了讀者需求不

上層：

一、桑椹奶酪：綿密口感，絕非台灣常見之滑嫩軟Q，可見沒有化學添加物，完全是採用牛奶。

二、哈密瓜慕斯：打破刻板甜膩印象，微甜中帶著哈密瓜的清香。

三、KIWI巧克力小圓餅：巧克力片與巧克力餅的甜中帶酸味道，咀嚼到最後透出KIWI的香氣。

中層：scone

爽口鬆軟，POTATO的奶油醬，略鹹且不油膩；草莓醬中有顆粒，且粒粒分明，吃出來是廚師現作而非罐頭果醬。

下層：三明治

得不遠赴自由之丘採訪甜點，只好找上這家「St. Christophers Garden」 硬著頭皮點了一些甜點，心情好像藝人上整人節目不得不吃蟲的那種悲涼，看著店員端上甜點後，為了創作只好犧牲自己破戒吃上一口。

但是，當我吃了一口司康餅（scone）之後，霎時間好像有種哥倫布發現新大陸般的驚奇，頓時恍然大悟，終於了解自己從前厭惡

跟著吃漢點招牌菜

英式下午茶組合（Afternoon tea set）
Afternoon tea set　　　每人2100 ～ 2900日圓

不知從何吃起或不懂日文不想傷腦筋的人可以直接點「英式下午茶組合」，包括了奶酪（不同時節會用不同水果）、水果慕斯、巧克力小圓餅（kiwi）、司康餅、戚風蛋糕和三明治以及飲料，下午茶組合囊括了這家店的精華。

這裡的三明治也是一絕，吐司、奶油、生菜、小黃瓜、雞蛋、燻鮭魚、起士的組合看似普通，但此處之三明治有雙絕：第一、此處的三明治緊實到無須牙籤，口感扎實；第二、三明治內用的是冰鎮過的蘿蔓生菜，增加了爽脆清新的意外風味。起士的厚度是一般市售的兩倍大，是從大塊起士整片切下來的，味道極濃。

吃甜點，是因爲我根本沒有吃過好吃的甜點嘛！吃完了司康餅，我立刻又點了戚風蛋糕（Ciffon Cake）

以及店內招牌「玫瑰、山莓果凍和荔枝慕斯（ローズ＆ラズベリーゼリーとライチムース）」與草莓蛋糕。

　　不論是司康餅、戚風蛋糕還是純草莓蛋糕，它的蛋糕具有層次感，鮮奶油和蛋糕一起入口在轉眼間便融化不會有黏牙的窘狀。入口時先嚐一股令人恍惚的甜美，在還來不及沉浸在甜美的幸福滋味之

餘，下一刻又立刻湧進了一顆顆刺激唾腺的微酸山草莓。廚師不會刻意去強調酸與甜之間的平衡，而是讓一口甜一口酸來征服食客的味蕾。此外，它的司康餅偏硬相當有口感，遵循英式的傳統做法，不會像台灣的蛋糕店般把司康餅做得軟趴趴。

　　為了印證自己的想法，第三度造訪「St. Christophers Garden」時，

我特地找了另外兩個絕不吃甜點的頑固中年硬漢，替他們點了英式下午茶組合，逼迫他們無論如何也得

拿起刀叉吞下去，只見他們心不甘情不願皺著眉頭嚐了幾口後，眉頭由深鎖轉為綻放，神情也從無奈立刻鬆懈成充滿幸福感的瞇瞇眼，當他們吃完一輪英式下午茶組合後，只是迫不及待地拿起Menu問著：「還有什麼好吃的？」

英式下午茶是在東京倉促與緊張的旅遊步調中，難得可以慢下來細細品嚐的美食旅程。這裡喝茶的

餐具也相當講究，伯爵紅茶倒進溫過的金澤友禪燒茶杯，垂涎欲滴的甜點擺在精緻的三層點心瓷盤，窗外的午後陽光透過庭園的花草灑在慵懶的沙發上，握著刀叉生怕弄亂了眼前甜點藝術之美。

不禁讚嘆，吃是上天給予人類的恩典，而甜食更是恩寵，以前的我為何頑固地抗拒甜點呢？

美食資訊
St. Christophers Garden

➡️ 「自由之丘」站正面口出去右轉直走，遇到第五條巷道左轉，找到熊野神社就可以看到St. Christophers Garden

😊 ★★★★☆

🕐 12:00-18:30（全年無休）

自由之丘
東京甜點及雜貨的朝聖地

　　對熟悉東京的人而言，自由之丘絕對不陌生，它也已經和「甜點」畫上等號。到東京品嚐美食若沒有到自由之丘這個甜點之都朝聖一番，簡直是入寶山空手而回。沒有資料可以告訴我們，自由之丘一共有多少甜點店家？在不負責任的估算下，兩百家應該是個保守的數目，對於甜點迷而言，在此可以吃到全世界一切想像或想像不到的各式甜點。1

　　日本甜點粗略分成「和菓子」和「洋菓子」，洋菓子顧名思義源自西洋，舉凡蛋糕、冰淇淋、慕斯、布丁、聖代、司康餅、馬卡龍……都一律稱之洋菓子，東京洋菓子的水準一點也不遜於起源地歐洲，特別是自由之丘這個和菓子一級戰區。

　　自由之丘的特色商店很多，既是高級住宅區也是新興的時髦逛街地方，從車站的正面口開始，大大小小有趣的個性小店林立，連車子都無法進入的小路街道，自由之丘販售甜點與個性小雜貨的商家密度之高讓人無法想像，彷彿這是個專為女性打造的甜食小鎮。2

　　下車後，想吃甜點請走自由之丘車站的「正面口」。這裡的建築和景色都讓人有如置身在歐洲庭園的感覺，累了還有像極了歐式各式各樣的小小咖啡座可以進去看看，很多都是開放式的。深受家庭主婦及觀光客喜愛。每到週日下午三點，自由之丘的鬧區便會改成步行者天國（即車輛止步），讓行人可以輕輕鬆鬆的逛街。

　　自由之丘的甜點店眾多，其中最特殊的莫過於「甜點森林（Sweet Forest）」，從車站南口步行約5分鐘，用甜點美食街來形容比較貼切，裡面數十家甜點舖各有不同特色，一起營造出四季更替般的品嚐樂趣，也顛覆了吃蛋糕的傳統，可以聽見迷眩慵懶的琴聲，搭配楓樹繽紛茂密的枝葉設計，如同掉入夢幻的童話世界中。3

想逛雜貨？就從車站南口出去。在左手邊方向就能看到熟悉的無印良品、生活雜貨的 Afternoon tea，以及 franc franc，走在自由之丘的路上讓人有一股興奮如初戀的感覺，每個步伐都充滿著用力一逛的旺盛精力，而自由之丘密集的各樣雜貨藥妝文具精品店家，與數量多得令人想逛到夜深的個性商品讓人馬不停蹄，只擔心錯過了一個轉角，便會錯失那件舉世獨一無二的小髮飾。4

參觀資訊

自由之丘

➡ 從澀谷搭上東急東橫線線，十分鐘就到了。

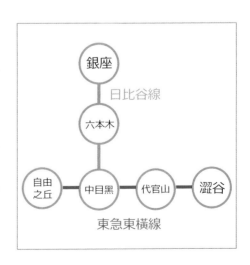

銀座

日比谷線

六本木

自由之丘 — 中目黑 — 代官山 — 澀谷

東急東橫線

日式冰品的美學魔術師

汁粉

しるこ

 交通：鎌倉站
預算：700～1200日圓／人
順遊景點：圓覺寺

找到好吃餐廳很不容易。許多人會好意介紹我「好餐廳」，可是十之八九次都很可怕。因為多數人常會被「名氣」等客觀因素所誤導，而忽略（或不敢）以自己主觀喜好來評判。就算吃到自認為國色天香的好佳餚，卻往往會因為店家不具知名度而信心動搖。

鎌倉和東京橫濱的不同在於這裡並沒有什麼超高名度的餐廳或店家。來鎌倉旅遊之餘，逛街吃東西無須被名店的名氣制約，完全只憑自己喜好或隨興之致來選擇。

找尋低調店的尋寶趣

位於鎌倉小町通無名巷弄的「金糸雀」是家毫無知名度可言的甜點店，但它卻相當合乎鎌倉旅遊的目的：挖寶。發現這家甜點冰品

店應該是緣分吧，第一次品嚐的原因是為了找尋鎌倉超級美食「玉子燒おざわ」，結果沒找到玉子燒，失望之餘闖進這家店，意外地發掘日式冰品的新天地。第二次專程到鎌倉吃這家「金糸雀」時，才讓人意外的發現，原來「玉子燒おざわ」和「金糸雀」根本在同一條巷子裡頭嘛。

我一向喜歡這種低調的店：沒有虛偽套公式的餐桌唸經服務，不必帶著來膜拜名廚的朝聖虛榮。簡單的餐點，簡單的上菜，一切的一切交給餐桌上的色香味來溝通即可。

專賣芋頭的日式甜點店

日本的甜點除了粗略分為「和菓子」與「洋菓子」外，細心的旅客應該會常常看到門口招牌上有「甘味処」三個字，「甘味処」是泛指可以在店內食用的甜點店。

甜點與正餐主食最大的不同在於色香味的表現。與多數高溫炸炒主食相比，甜點缺乏撲鼻誘人的香氣，再加上甜點多半並非正餐主食，所以格外重視「外觀顏色」的亮點。

「金糸雀」的主廚應該是**色彩美學的箇中高手**，他的每道冰品至少有六、七種色彩繽紛的配料，

There is only one
happiness in life,
to love and be loved

當然，不論是聖代、鬆餅還是餡蜜（あんみつ），其配料一定少不了鎌倉名產紫芋，其他的配料還有白玉、紅豆泥、蘋果醬、玉米片、仙貝、薄荷、咖啡凍、抹茶凍、抹茶冰淇淋、蒟蒻、葛切……等等。雖然Menu上的冰品種類琳瑯滿目，讓人眼花撩亂，不過選法其實和台灣的刨冰差不多，只要確定甜點種類是聖代、鬆餅還是餡蜜，其他都

手指點菜也OK

跟著吃漢點招牌菜

薄荷汁粉 （薄荷しるこ） （季節限定）
Hakka shiruko　　　　　　　　　　　650日圓

值得推薦的是甜點是汁粉。原料有紅豆、砂糖以及栗子。「金糸雀」會根據不同季節推出不同的汁粉，如紫芋汁粉（おいもしるこ）、抹茶汁粉（抹茶しるこ）、櫻花牛奶汁粉（さくらミルクしるこ，每年三到五月櫻花季節才推出）、薄荷汁粉（薄荷しるこ，每年五到七月紫陽花季節才推出），尤其是搭配紫陽花花開季節才有的薄荷汁粉，簡直是甜品中的級品。紅豆的香甜和薄荷的清香搭配起來，只能用「吃了會讓人開懷大笑」來形容。

只是搭配配料的不同組合而已。

　　甜點在食物中的位階很像職場的高階主管，我在金融業待了十多年，前面八九年一路從小職員、領組（類似科長）、襄理、副理、經理到協理，升遷速度有如搭噴射機，升遷的原因不外乎跳槽與業績突出。然而，到了最後一關「副總經理」卻足足熬了三年，這三年當中不論是業績貢獻還是行政貢獻，都相當出色，加上實際上我也是跨

好幾個部門主管，可是卻始終無法獲得老闆的拔擢，有一天我硬著頭皮去找董事長，問他為什麼連個副總經理的抬頭都捨不得給我。

　　沒想到他回我一句話：「去照照鏡子！」

　　一聽到當然是滿肚子火，可是當氣消了之後，看看鏡子裡的自己，還真的是很糟糕：將近百公斤的癡肥體態，皺巴巴又不體面的西裝外套，亂七八糟的髮型與鬍渣。

於是我花了三個月減重十幾公斤，定期每兩個禮拜就修剪一次頭髮，並且花了十幾萬塊錢買了幾套比較合身的頂級西裝。三個月後，肥男變型男，於是終於如願以償獲得升遷。

當上副總以後，開始得上電視媒體宣傳替公司宣傳，開始得面對記者的採訪詢問，與主管機關的官員互動開會，代表公司對外簽約，在客戶面前演講……一連串的工作與改變讓我了解到董事長當初那句話的用意。

基層主管需要專業能力，中級主管得有業績表現，但若想要更上一層樓爬到正副總經理等職務，只有專業能力與業績是不夠的。一家公司需要很多位具專業能力與業績表現的中低階主管，卻只需要一兩個高階主管。高階主管對外代表公司，外表的重要性甚至會凌駕在專業之上。

高階主管與甜點有異曲同工之妙，畢竟，甜點並非正餐必需品，如果沒有垂涎欲滴的亮麗外表，很難吸引顧客。

美食資訊　金糸雀

➡ 從「鎌倉」站出口走進小町通後第三條巷子右轉，步行時間不會超過5分鐘，要注意的是這條巷子相當不起眼，很容易錯過。

☺ ★★★★⯪

🕐 10:00-18:00／定休日：週三

🏠 神奈川縣鎌倉市小町2-10-10第4榎本ビル1F

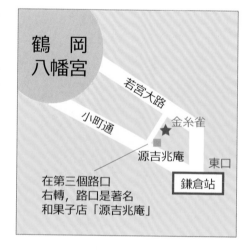

鶴岡
八幡宮

若宮大路

小町通

金糸雀

源吉兆庵

東口

在第三個路口右轉，路口是著名和果子店「源吉兆庵」

鎌倉站

北鎌倉圓覺寺
五月必看的紫陽花海

　　對剛開始東京自由旅行的初級玩家而言，多半會忽略鎌倉這個小鎮，但對於喜歡慢慢來的旅者而言，鎌倉絕對是東京郊外一日遊的第一首選景點。

　　鎌倉的優勢是距離東京品川不到五十分鐘車程，兼具日本文化與自然景觀，而且可以搭乘不同電車體會截然不同的移動風情。鎌倉也有各種好吃的在地特產，以及各種巧奪天工的「小物」。另外，範圍夠大，旅遊行程更具多樣化。

　　自從開始喜歡有些深度（另一種說法可以說自己不再年輕）的旅遊後，鎌倉之旅對我便不再是以往那種「逛大佛、吃麻糬」的刻版老人行程地，而是種慢慢來、細細品嚐的旅遊態度。

旅行在鎌倉大致分成三大區塊：北鎌倉、鎌倉和江之島。

從品川搭 JR 橫須賀線出發，列車抵達鎌倉之前會先到「北鎌倉站」，我建議在這站中途下車。因為若一大早從品川搭車前往鎌倉，恐怕不到10點就已經抵達本站，而鎌倉有名的小町通店家多半會在11點過後才開始營業，北鎌倉站附近有許多擁有相當歷史的寺院如圓覺寺、建長寺、淨智寺，參拜的開始時間大多是早上八點，聰明的玩法是一大早先去北鎌倉一帶逛逛寺廟，中午前再到鎌倉的小町通吃個當地著名吻仔魚（しらす）料理、玉子燒以及紫芋甜點，午後再搭趟懶洋洋的江之島地鐵，趁落日前到江之島欣賞夕陽。

小車站北鎌倉站很是克難，連售票亭和車站站體都沒有，不注意看還以為只是座尋常的鄉下平交道，若你已習慣了東京的步調，來到這裡一下子緩慢起來！還會有點不習慣呢。₁

北鎌倉的寺院很多，但不可不參拜的是「圓覺寺」，理由只有兩個，第一是她院內四季分明的植被，二是「圓覺寺」離北鎌倉車站太近了，近到讓人不可置信以為走錯路了。從車站出來（其實北鎌倉站並沒有所謂的出口或入口），「圓覺寺」的碑石立即映入眼簾，爬著不到二十階的石梯便可抵達寺院入口。₂

1282年落成的圓覺寺的確稱不上古老，但對於不斷破壞與不停重建的東京人而言，如果想一探超過四五百年的老寺院，比起千里之遙的京都奈良，北鎌倉的「圓覺寺」卻是方便許多。

寺院內大大小小超過二十餘座的殿、廟、門、庵，除了歷史刻痕外處處顯露著低調，彷彿這些寺廟和附近山林融為一體，若能在每年初夏繡球花（紫陽花）花季前往，千年古庵宛如紫色花海的低調配角。3

北鎌倉的圓覺寺是東日本最富盛名的紫陽花賞花名所，六月上旬到七月初是欣賞紫陽花的季節，爭奇鬥豔般綻放的紫陽花苞，看若奔放又似羞澀，像極了爭搶繡球的待嫁少女。4

北鎌倉的紫色花海、鎌倉名物紫芋和果子，挑上**紫色夏季**來鎌倉，帶回去的是一整個慵懶心情。

參觀資訊　圓覺寺

🕐 圓覺寺參拜時間：
4月　10月 午前8:00　午後5:00
11月　3月 午前8:00　午後4:00

賣鯛魚燒的始祖老舖子：
絕對飽滿的紅豆內餡，咬一口就滿意！

麻布十番站　鯛魚燒浪花家總本店

鯛魚燒

たい焼き

　交通：大江戶線麻布十番站
　預算：午晚650 ～ 800日圓／人
　順遊景點：麻布十番

日本美食中有許多名字稱之「××燒」的食物，許多初次探訪日本的外國遊客很難分辨清楚。這些「××燒」大致分成兩大類，一是鹹食，二是甜點。凡是前面有地名如大阪燒、廣島燒、月島燒，都是鹹食主食，大多由麵粉裹著蔬菜、鮮肉、海鮮煎燒而成，其他沒有冠上地名的如鯛魚燒、人形燒則是甜點類。

其作法與內餡大同小異，都是用麵糊包著紅豆內餡放在模具內烘烤，最大的不同點在千變萬化的外型。所謂的鯛魚燒並非鯛魚內餡，而是將紅豆餅外型烤成鯛魚模樣，人形燒顧名思義是人物造型的紅豆餅，大多將紅豆餅的外表作成七福神模樣，銅鑼燒則是外型像銅鑼的紅豆餅。

當然唯一例外是章魚燒，內餡可是貨真價實的章魚。所以章魚燒有章魚，鯛魚燒卻沒有鯛魚。

鯛魚燒絕對是日本平民點心的代表，不論是小說、日劇甚至隨便問個日本友人，幾乎都有在冷冽的冬天嚐上一口熱騰騰鯛魚燒的幸福回憶。既然是平民美食，其價格自然相當便宜，一百多日圓就可以買到滿滿紅豆餡的現烤鯛魚燒。東京販售鯛魚燒的店家相當多，我格外喜歡吃位於麻布十番的浪花家總本店，除了麻布十番是我最愛的私房夜遊景點外，還有那從魚頭滿到魚尾巴的紅豆餡給我的滿足感。

鯛魚燒與其他包覆紅豆內餡的甜點的最大不同，在於剛出爐趁熱吃的吃法。鯛魚燒和台灣的車輪餅很像，只是形狀的不同而已，兩者都是具代表性的平民點心，那甜美的滋味絕對不是高高在上的米其林料理所能替代。

在職場中，我是個難以被老闆主管馴服的部屬。唯一的例外，是某年冬天。

當時我擔任銀行國外部負責業務的交易科長，有天下午為了一點小事情和部門內擔任後台作業行政

科長槓了起來，這類業務與行政單位之間的摩擦在企業間十分常見，可大可小，端視老闆的智慧。有些老闆會各打五十大板，有些則視若無睹，有些則急著處理而荒腔走板，往往造成部門間長期不合甚至嚴重內鬨。

我的主管見狀，二話不說召集了雙方幹部，帶大家到公司樓下，我們沒有為了理論或打上一架，而是被他聚集在銀行門口賣車輪餅的攤子前。他買了幾大袋的車輪餅，每個人各分一顆紅豆餅與奶油餅，等我們吃完之後，笑嘻嘻地問大家：「紅豆的好吃還是奶油的好吃？」

「很難回答對不對？」

吃完之後他又笑嘻嘻地把大家帶回辦公室，他只講了一句話：「趕快把工作作完下班回家吧！」

幾天之後，我終於悟出了他的領導哲學，部門間的衝突絕對不能拖，有些主管會利用下班或過個幾天以後才找大家

去吃飯溝通，但這已經讓衝突
所造成的氣氛延宕過久。有些
主管會在衝突的當下在辦公室
裡頭嘗試解決問題，但沒有考
慮到辦公室的嚴肅氛圍正是造
就雙方不愉快的主因，最不適
合解除炸彈引信的地方當然就
是在火藥庫裡。所以，他帶大
家離開辦公室的用意，其實是
有冷卻的作用。

　　一年後，有銀行挖這位上
司去當副總，他邀我一起跳
槽，我欣然答應。答應的目的
不純然為了薪水福利，而是我
還想從他的身上學到更多的管
理經驗。

　　幾年後他問我：「為什麼
當初你答應的那麼乾脆？」

　　我笑著回答說：「因為我
想知道紅豆餅與奶油餅到底哪
一樣比較好吃？」

　　他笑笑說：「三八啦！」

　　每次我到東京麻布十番吃
鯛魚燒，腦中便會浮現這段往
事。👤

跟著吃漢點招牌菜

鯛魚燒（たい燒き）
taiyaki　　　　　　　　　　　　　　　150日圓

浪花家創始於1909年，是東京最早賣鯛魚燒的店鋪，它的紅豆來自於北海道。其烘烤方式比較特別，採用單模烘烤法。一個模具只烘烤一條鯛魚燒，所以其表面受熱比較均勻，烤起來的焦度相當一致，不像有些人形燒店家一次烘烤六到十個餅，以致於表皮的焦熟程度不一而失去口感的一致性。也有些店家外皮過厚，豆餡太少，啃起來有如餅乾，但浪花家鯛魚燒的紅豆餡相當飽滿，其麵皮薄得幾乎能看透內餡。

美食資訊　　浪花家總本店

➡ 搭地鐵南北線、大江戶線於「麻布十番」站下車，從4號出口徒步1分鐘。

☺ ★★★★★

🕐 10:00-20:00（外帶）、11:00-19:00（內用）（定休日：週二、每個月第三個週三）

🏠 東京都港区麻布十番1-8-14

p.s.秋冬季節人潮比較多，建議選擇夏天。

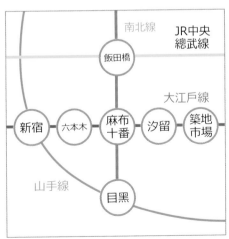

1

東京麻六夜景步道
充滿兩種不同風情的夜景散步道

其實東京並沒有所謂的「東京麻六夜景步道」，如果你按圖索驥想要尋找它，或向東京當地人問起，絕對找不到──因為「東京麻六夜景步道」是我自創的私房散步路線，指的是連接麻布十番與六本木的街道「麻布十番大通」。1

一個美麗的城市必須要有美麗的夜景。夜景不外乎三種：山川湖海的自然夜景、居高臨下的大樓遠眺夜景以及街景。自然景觀的夜景依靠的是城市的地形，超高大樓如東京鐵塔遠眺夜景通常只具有朦朧美，但街景依賴的卻是**扎扎實實的都市文化底蘊**和工商實力。

麻布十番與六本木位於東京鬧區的正中央，兩地的步行距離不到

1.5公里。整趟散策下來花不到1個小時，但卻能夠在短短的步行中領略到兩種不同的東京生活態度。

麻布十番沒有高樓大廈，沒有熙熙攘攘的購物人潮，沒有流行精品名店，沿途多半是些傳統雜貨，令人驚奇的是，麻布十番還看得到舊式的理髮廳、澡堂、舊式雜貨店、米店、花店、水果攤、關東煮、燒烤居酒屋……但別以為麻布十番是條傳統下町老街，整齊乾淨的街廓，穿著入時雅痞的當地居民和眾多個性小物店鋪，交織出一股濃得化不開的低調優雅。

2

從麻布十番往六本木方向走去，在還沒抵達高樓聳立的六本木之前，中段的麻布十番大通兩側除了許多不起眼的豪宅和大使館外，還有一些相當具有風格的低調夜店和咖啡廳，可以看到許多穿著入時的六本木上班族在此出沒。

沿著「麻布十番大通」，這條我心中最美麗的東京街景「東京麻六步道」的終點當然是鼎鼎有名的六本木。第一個夜景亮點是六本木之丘的凱悅飯店，第二個碰到全東京最漂亮的大樓「六本木之丘—森大樓」₂，接下來接上摩天大樓最密集的六本木通，右轉後東京鐵塔立刻映入眼

簾，直走五分鐘後左轉外苑東通可抵達「六本木中城」，中城的對面則是「國立新美術館」。

　　精采的旅行終點奠基在精采的起點。同樣是欣賞六本木的璀璨夜景，與其搭地鐵直接到六本木，不如多花一點時間，從麻布十番開始散步慢慢欣賞這一條充滿驚喜、融合傳統與現代、高調與低調並陳的「東京麻六夜景步道」，尤其是沿途高低起伏新舊並陳的街道夜景，相信這會是全東京最值得一逛的夜晚街景。

參觀資訊　麻布十番

➡ 大江戶線麻布十番站或南北線麻布十番站，從4號出口便可以抵達「麻布十番大通」

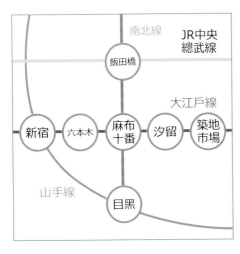

日式和西式甜點的絕妙組合！

抹茶巴伐利亞

抹茶ババロア

交通：大江戶線飯田橋站
預算：750 ～ 920日圓／人
順遊景點：小石川後樂園＆神樂坂

最能代表日本和風甜點，非宇治金時莫屬。位於京都近郊的宇治盛產綠茶，宇治幾乎成為日本抹茶的代名詞，而「金時」之名是來自一種稱之「金時豆」的紅豆。兩者混著吃，紅豆的甜和抹茶的澀，意外地譜出難以形容的味覺平衡感，後來慢慢演變到現在的「宇治金時」。除了紅豆與抹茶以外，近來還加上了各種口味的冰淇淋，以及寒天、蒟蒻……等千變萬化的吃法。

我偏好只有抹茶加紅豆的古典原味，其中的變化在於抹茶，熱的吃法是將煮爛的紅豆添加在熱抹茶中，冰的吃法在紅豆冰上淋上抹茶醬，當然也有不冷不熱的吃法如「紀の善」的招牌甜點「抹茶巴伐利亞」。

每次想吃宇治金時，有二家店馬上會浮上我心頭：京都宇治的源氏物語博物館附屬咖啡廳，以及這家位於東京市中心神樂坂起點的「紀の善」是唯二讓我一再光顧的店。

「抹茶巴伐利亞」還有一種特殊的吃法，可以將巴伐利亞、鮮奶油和紅豆攪拌成泥混在一起吃，

這種吃法是源自日本偶像劇《Love Story》的場景，劇中女主角中山美穗站在「紀の善」門口買了一杯「抹茶巴伐利亞」送男主角豐川悅司，劇中性格古怪的豐川悅司就是將其和稀泥似地狼吞虎嚥。幾年前首次光顧這家店時，受日劇影響的我還誤以為那才是正確的吃法呢！

日劇《Love Story》的開始是抹茶巴伐利亞的甜蜜，結局卻是男主角婉拒了女主角求愛表白。人生的起落有甜美有苦澀，工作際遇更是如此，除非一生只幹一份工作，否則難免碰到轉職跳槽。如何聰明又果決地向老闆請辭，端視一個人的智慧高低，二十多年來我當過部屬、當過主管也幹過老闆，經歷了太多次職場的跑道轉換，更看過周

跟著吃漢點招牌菜

手指點菜也OK

抹茶巴伐利亞（抹茶ババロア）
Maccha babaroa　　　　　　　　850日圓

「抹茶巴伐利亞」是將抹茶巴伐利亞與紅豆分開吃，並淋上鮮奶油。所謂巴伐利亞是源自於德國巴伐利亞的甜點，作法是將蛋黃、砂糖、牛奶、抹茶一起加熱作成濃稠狀的「英式蛋奶醬」，冷卻後加入鮮奶油攪拌均勻，爾後經過冷藏成凍即完成。紀の善的「抹茶巴伐利亞」除了有濃濃的抹茶香味外，口感介於布丁與果凍之間，舀一點巴伐利亞挖幾顆紅豆混著鮮奶油一起吃，讓舌尖去體會三種材料的不同香甜，深奧的滋味讓人忘記一切煩憂，套句文青的話：「這是股旅行中的小確幸啊。」

餡蜜（あんみつ）
Anmitsu　　　　　　　　　　　850日圓

紀の善還有一系列的餡蜜：奶油冰餡蜜、草莓冰餡蜜、栗子冰餡蜜、杏仁冰餡蜜，裡面有冰淇淋、水果、寒天、紅豆泥與糖水。必須提醒的是，這裡餡蜜的甜度相當高，最好點杯抹茶來平衡一下甜度。

遭許多人掙扎在離職與否的漩渦，裹足不前而蹉跎大好機會。我轉換跑道許多趟，每次跳槽總希望能夠帶些舊部屬一起去新東家開創天地，但絕大多數因爲害怕改變而不敢異動，最後卻只能在老東家自怨自哀大嘆懷才不遇，我只能說職場如人生，原來的工作如果有太多無可迴避的失望與委屈，可以一走了之、也可以留下來改變它，但千萬**別待在原地哭泣。**

我認爲，辭職更是一種態度。我最後一份上班族的工作是某金融業的副總，這個位子足足花了半年的時間作離職的準備，在那半年我交出了超高盈餘的成績單，也把手中的業務徹底的清理，除了想要留給老東家一個好印象外，我更希望能夠用「光榮引退」的方式離開，讓原本宛如苦澀劣酒的離職，變成甜美的餐後點心，帶著愉悅的心情離開「前東家」這間餐廳。

美食資訊　紀の善

➡️ 搭地下鐵南北線、東西線、有樂町線、大江戶線在「飯田橋」站下車，從B3出口右轉10公尺便可抵達。搭JR中央總武線也可到「飯田橋」站，但該站相當龐大，且JR與地鐵之間並沒有相通。

😊 ★★★★☆

🕐 11:00-20:00 （週日與國定假日18:00就打烊，定休日：週一）

🏠 東京都新宿區神楽坂1-12 紀の善ビル

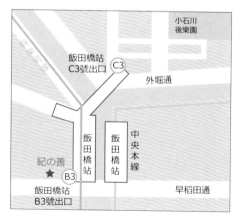

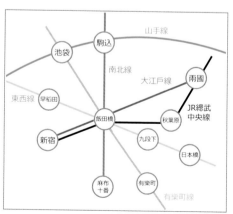

小石川後樂園
楓葉櫻花滿開時的名所

順帶一遊

1

　　「小石川後樂園」₁位於東京市中心文京區，文京區以文教機關和住宅區為主，有「文之京」的美名，很難想像市中心文教區轉個彎、鑽出地鐵站就可一探混合中國與日本風格的史跡等級庭園；後樂園建於江戶時代初期的寬永6年（西元1629），庭園在設計上以池塘為中心，採用了東洋式的回游假山造景，也採納了明末遺臣朱舜水的意見，園內仿造圓月橋、西

湖堤等中國名景，不單單造景有著濃濃唐風，連後樂園之名字也取自中國范仲淹的岳陽樓記：「先天下之憂而憂，後天下之樂而樂」，可說是一座中國味十足的庭園式公園。

　　「小石川後樂園」也是相當知名賞櫻賞楓的名所，每年到了4月上旬到中旬的櫻花滿開期，以及11月中下旬的楓紅，遊客絡繹不絕，除了春櫻與秋楓之外的季節，後樂園所散發出來的幽靜和身處於都會中心的忙裡偷閒，我認為更值得旅人一探究竟，每年2月的梅花、4月的紫藤、4月下旬～6月中旬的杜鵑、6月的花菖蒲（玉蟬花）、7～8月的睡蓮，這些植被與花卉一點都不比櫻花與楓葉遜色。2

參觀資訊　小石川後樂園

➡ 強烈建議搭乘大江戶線，因為大江戶線的飯田橋站C3出口距離後樂園最近（步行時間只要3～5分鐘），千萬別搭到後樂園站，因為從後樂園站步行到小石川後樂園的時間至少得花上二十分鐘。

🕐 9:00-17:00（最後入園時間16:30）

💲 入園費用：300日圓，小學生以下免費。

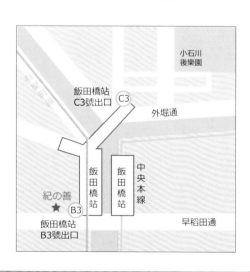

神樂坂
充滿深夜食堂氛圍

從「紀の善」沿著神樂坂往上走，加上兩旁一些橫丁，整個區域被稱之為神樂坂。有人形容它是「日本的法國」，也有人說是「東京的花見小路」，許多台灣遊客形容這裡像「九份＋永康街＋六條通」之混和體。

持平而論，逛神樂坂無須沿著「神樂坂通」氣喘吁吁地往上爬，反正爬到盡頭後也不過是間沒有多少存在感的神社「毘沙門天善國寺」，毘沙門天善國寺很小，小到可說沒有看頭可言，沿途的商家不少，但夾雜著不少不具特色的連鎖餐廳與商店，夜晚的街景也沒有麻布十番來得朦朧有個性。若要提特色，神樂坂的餐廳還真的不少，大大小小的餐廳所拱出來的氣氛，是神樂坂受矚目的最重要因素。3

神樂坂會讓人眼睛為之一亮的兩旁的是「橫丁」，尤其是「本多橫丁」，其亮眼處在於氛圍。該怎麼形容呢？用日本暢銷漫畫改編的日劇《深夜食堂》來形容神樂坂的橫丁最貼切不過了！位於小巷弄的

深夜食堂，有點冷清、寂寞、只有內行熟客才摸得到路的陋巷僻弄、不知來歷的神秘廚師，三教九流龍蛇雜處的顧客群，**帶點頹廢又帶點療癒。** ₄

聽說日劇《深夜食堂》的那條橫丁是人工搭建的片場，但當我來到神樂坂的本多橫丁後，深信深夜食堂的創作原型或許就是神樂坂。旅行本來就是主觀，作者在著作中具有絕對的「主場優勢」呢！

4

參觀資訊 神樂坂

➡ 搭地下鐵南北線、東西線、有樂町線、大江戶線在「飯田橋」站下車，從B3出口便是神樂坂鬧區的起點。

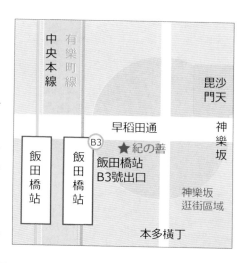

在古風淺草享受百年和果子的滋味

栗善哉

あわぜんざい

 交通：銀座線的淺草站
預算：650-900日圓之間不等
順遊景點：淺草觀音寺

淺草對台灣旅客而言，可說是個宛如走廚房般的熟悉景點，熟到連旅遊書都不好意思介紹。舉凡雷門、淺草觀音寺、仲見世通、木村家人形燒、初小川鰻魚飯……等等，應該都是初次到訪東京的「定番」（標準）行程，好像大一新生的共同必修課，但隨著東京旅遊次數增多，從一個跟團菜鳥慢慢蛻變成自由行老鳥後，多半不會再來淺草這個地方。

由於淺草是前往日光的起程之地，每次從日光回東京，總是會在淺草用個餐吃個甜點，所以對我這個東京旅遊老鳥來說，造訪淺草的次數竟然超過十多次。

東京旅遊的起點是淺草，品嚐甜點的起點自然也是淺草，位於淺草雷門仲見世通旁巷子的「梅園」應該稱得上是東京甜點之旅的入門課程。日本甜點大致分為「和菓子」和「洋菓子」，但兩者之間的界線近年來慢慢地越來越模糊，保持傳統味道的老店越來越少，創業於西元1854年的梅園，仍舊販售著160年前開業時的**古老甜點**。

Menu上頭有許多餡蜜類的甜點，是日本最常見的甜點，從明治時代就有。從一開始只有紅豆餡加糖水，演變到現在的眾多口味的添加物，如湯圓、水果、寒天、葛條、冰淇淋等。但梅園中「餡蜜」類甜點的甜度相當高，大家還是衡量一下自己的甜度等級再點下去。其中最推的當然是栗善哉。

坦白說，栗善哉的外型與色彩沒有其他甜點亮麗，所以不明就裡的外行觀光客往往會被其他亮眼的甜點所吸引而遺漏，相當可惜。

其他推薦的還有「白玉冰淇淋餡蜜」（白玉クリーム あんみつ）和冰淇淋餡蜜（クリーム あんみつ），其中透明塊狀內餡是葛切做成，葛切是以葛粉加水凝固後淋上糖水切成條塊狀。

梅園的客人以中老年居多，年輕饕客多半會追求歐式甜點或創意料理，別說日本，連台灣甚至整個亞洲都有這種趨勢。隨著時代演變與創新，傳統的東西似乎越來越少，但大家都忘了，創新的基礎其實在傳統，今天的創新明天過後終究還是成為傳統。

職場上傳統與創新的衝突相當常見，我踏入職場的第五年，有

跟著吃漢點招牌菜

栗善哉（あわぜんざい）
Awa zenzai　　　　　　　　　756日圓

梅園古老甜點的首選非栗善哉不可。栗善哉混合糯米糕與紅豆泥，它的糯米糕吃起來的口感介於甜粽與麻糬之間，由於帶有些許微酸，所以大大地降低了紅豆泥的甜度，加上溫熱的吃法，微甜的栗善哉吃起來會讓人感到小小的飽足。

幸能夠參與銀行的新種業務籌備單位，單位內幾乎都是學歷高的優秀年輕行員，然而高層卻指派了一個年齡已經五十好幾的老經理來帶領我們，我們所籌備的業務是創新型的貨幣市場房貸信用工具，以及開發房貸證券化商品，這位五十幾歲的老經理是典型作傳統房貸業務出身，在籌備的過程，我們這群充滿理想的年輕幹部，不斷地和老經理發生理念上的衝突，甚至連口角的衝撞都經常發生。

我們覺得他那套方法老舊過時，他認為我們太躁進忽略風險。基於職位，我們這群年輕幹部不得不屈就，在新業務的規範中加了許多傳統的風險控管機制。

一年多後碰到全球性金融風暴，所幸我們的新業務中有了傳統的風險控管機制，才能夠全身而退，反觀完全只著重創新的其他同業，卻蒙受相當大的損失。

從那次起，傳統兩個字對我有了新的意義。

想當個快樂的吃漢，傳統守舊的味道也是挺重要的。

美食資訊

梅園

➡ 從淺草的雷門往淺草觀音寺的方向沿著仲見世通，第5條巷子左轉即可抵達。

☺ ★★★★☆

🕐 10:00-20:00（公休日：週三）

淺草觀音寺
你知道哪一個地鐵出口離觀音寺最近嗎？

1

順帶一遊

　　淺草對於許多台灣旅客而言，熟悉的程度宛如自家廚房，實在無須多費唇舌或筆墨再介紹淺草。淺草給觀光客第一個印象絕對是雷門莫屬，雷門₁早已成為東京傳統地標，一如倫敦的西敏寺、巴黎的凱旋門、柏林的布蘭登堡門。

　　會造訪淺草的外國觀光客大致有三種：一是首次到東京旅遊者或團體旅客，二是來淺草轉車搭車者（前往日光的電車起點正是淺草車站），第三是來此品嚐日本傳統美食者或體驗下町風情者。

先介紹淺草的交通，淺草一共只有兩條地鐵（淺草線與銀座線）與一條鐵路（東武線）經過，但3個車站並不相連且彼此間隔將近1公里，曾經有個笑話是這樣形容淺草：

有個老外還沒來日本前便聽聞淺草有間百年鰻魚飯老店很好吃，於是便向友人打聽，友人告訴他：「很好找啊！就在淺草站對面！」這位老外千里迢迢來到東京轉車到淺草之後，才發現淺草一共有3個車站23個出入口（這還不包括站名有淺草兩字的「淺草橋」站與「淺草藏前」站呢）。如果你的目的很單純，只想逛逛淺草的雷門，為方便起見，請務必走銀座線的「淺草」站出口。

從雷門沿著「仲見世通」商店街直到「淺草寺」的這段路是淺草最熱鬧的地方，熱鬧的程度只能用不像話來形容！特別是「仲見世通」商店街，這是日本史上第一條正式商店街，兩旁有許多販賣紀念品、

土產品的商店。坦白說，在此外國觀光客的人數遠遠多過日本遊客，兩旁商店的紀念品只能用「一般」與「庸俗」來形容，相信經常來東京的旅客應該不太會心動才對。₂

　　淺草寺全名爲金龍山淺草寺，是東京最古老的一座佛教寺院，年代可遠溯至西元643年，供奉的本尊是觀音，所以又稱爲「淺草觀音」，參拜的方法和多數日本神社寺院相似，但比較特別的是每個人都會到香爐前撈點香氣，聽說這種集氣的動作可以治百病。

　　淺草另一個景點是吾妻橋，從銀座線的淺草站多數出口往隅田川方向走去約一分鐘便可抵達，橋上可以眺望東京樹高塔以及對岸朝日啤酒大樓之獨具特色的「神之焰」啤酒屋，橋下可以搭乘遊覽船沿著隅田川到東京灣的台場。₃

　　淺草寺一帶最讓人難忘的其實是巷弄內的傳統美食，雖然不能免俗地必須

得在風景區內用餐，但盡量找些巷弄內不起眼的店家，這是我尋找美食的第一條遵循原則，像本文所介紹的「梅園」就是鑽巷弄找出來的。

　　除此之外，我很喜歡位於東武淺草車站門口的「銀座線地鐵出入口」樓梯處的那家「立麵」4，所謂的立麵是站著吃麵的店家的意思，立麵在1960～90年的日本相當風行，高度成長的社會造就了立麵的需求——快速。淺草地鐵站的立麵簡陋不失美味，價格卻很低廉（每碗麵的售價僅有300～400日圓）。還有一家位於淺草寺往銀座線地鐵站方向的巷弄、鄰近「花屋敷屋」遊樂場的「釜う讚歧烏龍麵」5也是我喜愛吃的淺草巷弄店家之一。

五、
和菓子伴手禮

請跟排隊人潮一起朝聖草莓大福的創始者

曙橋站　玉屋

草莓大福

いちご大福

交通：地下鐵新宿線曙橋站
預算：草莓大福230日圓、分銅最中150日圓、各種水羊羹300日圓左右。
順遊景點：靖國神社

日本的和菓子可說是五花八門，有些和菓子已經走火入魔演變到「時令陳設」的美學境界，若不具備一點大和文學或藝術的涵養，還品嚐不出箇中滋味呢！

我就有碰過一些店家為了展現時節的美學，特意在四月底櫻花凋謝的那幾天推出什麼「落櫻」的限定版和菓子，充其量不就是砂糖、求肥餡、紅豆與一些水果色素的組合。妙的是日本人還煞有其事的排隊排上一天一夜只為了買上一盒，然後趁不到三天的賞味期限之內，到人擠人的上野公園櫻花樹下再花上一天一夜排隊，等待櫻花凋零的那一剎那吃下一口他們心中認為「淒美」的和菓子。

其實如果問他們為什麼要如此大費周章？絕大多數的日本人會回答你：「別人也是這樣。」

我這個口味偏台的務實台灣吃漢心中，心中第一名的和菓子永遠都是「大福」！原因無它，應當是從小到大的米食習慣吧！尤其日本與台灣一樣都屬於米食國度，製作出來的大福有一定的水準。

要說「草莓大福」為大福中的

王者，應該當之無愧了。坦白說，台灣的麻糬一點也不輸給日本，但若要比草莓大福，日本的草莓大福的品質絕對比台灣好，不過，這還是有個前提：選對店家。我選擇店家有個原則，那就是「元祖」兩字。

位於東京曙橋地鐵站出口住吉

跟著吃漢點招牌菜

草莓大福（いちご大福）
Ichigo daifuku　　　　　　　　230日圓

「玉屋」選用的草莓和台灣不太一樣，它的草莓沒有那麼甜，卻多了股清香，水分略為少些，若單純品嚐草莓，台灣品種的確略勝一籌，但也正因其草莓略酸，所以和大福紅豆內餡的甜味之間，產生了一酸一甜的最佳拍檔，也因為草莓含水量略低，所以不致讓大福內餡產生「軟爛」的不佳口感。

水羊羹（みずようかん）
Mizuyokan　　　　　　　　各式300日圓

除了大福類的和菓子外，「玉屋」的水羊羹也是相當好吃。水羊羹吃起來很像果凍，一點都不會過彈死甜。說是果凍，以果汁凍來形容更恰當，相當多汁。

分銅最中（ふんどう もなか）
Fundo monaka　　　　　　　　150日圓

「最中」的作法是將糯米粉烤成外皮，外皮無味呈現薄酥狀，是道只有內餡和餅皮、極為素簡的甜點，所以材料的好壞立刻就會反映在成品上。每家店鋪所販售的最中餅的外型都不一樣，「玉屋」的最中餅上有個古代銅錢的印記，所以稱之為「分銅最中」。

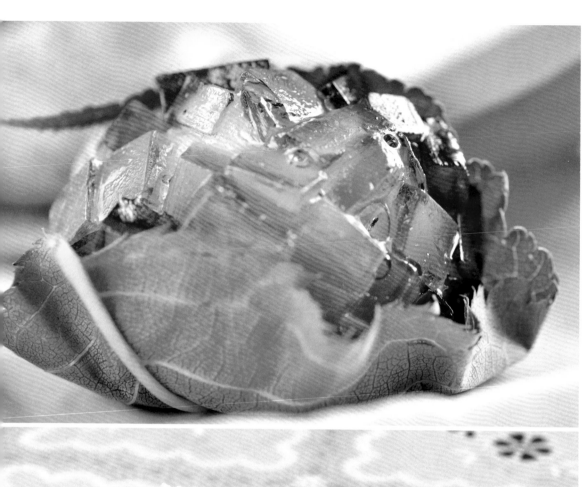

町商店街內的「玉屋」（也稱大角玉屋）和菓子店，便是不折不扣的草莓大福的創始店，該店創立於大正元年（西元1912年），傳到第三代經營者大角和平，在1985年時開發出「草莓大福」這道開創性的甜點，掀起和菓子界史無前例的大流行。除了讓自己店家的業績大幅成長外，也讓全世界的饕客品嚐到這種「又酸又甜」的創新美食。

其實草莓大福在日本到處都可以吃得到，「玉屋」的草莓大福在百貨公司或大賣場的美食街也處處

可見，為何我要不辭千里地跑到新宿線上「曙橋站」的住宅區小商店街來吃呢？

原因無它，朝聖而已。

無論哪個領域，最讓我折服的並非資本主，也非光鮮亮麗的檯

面上大人物,而是「原創者」,技術的發明者、美食的始祖、學術理論的先驅、文化藝術的原創者、創意工作者……等等,由於他們的努力、巧思……亦或者和牛頓一樣,不小心被樹上掉下來的蘋果打到頭

般的靈光乍現,多虧有他們,才留下了人類共同的珍寶。

我從事文字創作已經七、八年,成名應該是在第三年。那一年起我在某周刊開始寫投資理財的專欄,心血來潮將枯燥無味的投資理財和卡通、神話與寓言作巧妙結合,由於從來沒有人用活潑生動的故事融入投資領域,沒多久就吸引許多讀者認識了我。出道寫作第三年就累積了好幾萬名讀者,奠定了日後從事創作的基礎。

美食資訊　玉屋(曙橋本店)

➡ 搭乘地下鐵新宿線在「曙橋」站下車,從A2出口右轉不用過馬路一直走,不到三十公尺便可以看到「あけぼの橋通り商店街」的大招牌,右轉進商店街不到五十公尺即可抵達「玉屋」。

☺ 草莓大福 ★★★★★、各種果凍 ★★★★✬、分銅最中 ★★★★☆

🕐 9:00-19:30 (全年無休)

🏠 東京都新宿区住吉町8-25

p.s.在玉屋買草莓大福,如果沒有在店內立刻吃完,我誠心建議請立刻找個可以野餐的地方或邊逛街邊吃,這樣才可以吃到最新鮮的大福。

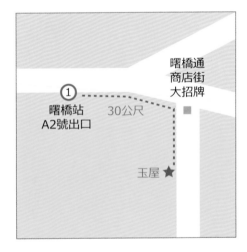

靖國神社

總是能經常且免費欣賞到
傳統的表演和祭典

　　無巧不巧，玉屋所處的地下鐵新宿線，沿線幾乎集中了東京幾個不得不逛的超級大景點，從「曙橋」站搭新宿線往本八幡方向，兩站之後有「九段下」站，這裡有大名鼎鼎的賞櫻聖地「千鳥之淵」，此外還有更富盛名也頗具爭議的「靖國神社」。九段下的下一站是「神保町」，這裡聚集了東京絕大部分的新舊書店。神保町下一站是「小川町」，這裡是東京的「樂器專賣街」與「運動用品街」。小川町下一站是「岩本町」，這站已經屬於秋葉原地區。你瞧，整條新宿地鐵線只能用「逛不完」來形容。1

2

其中的「靖國神社」對台灣旅客應該是又熟悉又陌生，熟悉的是歷史情仇的糾葛，陌生的是多數人不曾參訪過，華人鮮少走進靖國神社其實是種自我限制。瞧我翻遍了所有的中文版東京旅遊書，查遍了所有旅行團的東京行程，根本看不到「靖國神社」四個字。2

其實，就算想要憎恨、想要厭惡，也得去了解它面對它，不是嗎？幾十年來，中國、韓國與日本之間，每年都得為了靖國神社的事情吵上幾架，如日本首相該不該進去參拜？二戰主要戰犯為何可以入內受供奉？就連日本歷年的一些首相大臣都自覺敏感麻煩而拒絕入神社祭拜，偶爾也會看到台灣一些政治極端份子，藉由在靖國神社抗議或集體參拜來炒作新聞等等。3

3

靖國神社的前身是建於1869年8月6日的東京招魂社，最初是為了紀念在明治維新時期為明治天皇權力而犧牲的3500多名反幕武士，後來慢慢地供奉在甲午戰爭、日俄戰爭和二次世界大戰中戰死的日本軍人及下屬。但到1978年10月，靖國神社卻把包括東條英機等14名

甲級戰犯的名字列入靖國神社合祭，從此靖國神社的性質大變化：不斷地引起糾紛。日本昭和天皇原本每年都會赴靖國神社參拜，但自從1978年合祭14名甲級戰犯後，昭和天皇再也沒有前往參拜直到病故為止，現任的天皇明仁至今從未入內參拜。

「面對 ── 放下 ── 救贖」是人類情操的昇華過程，加害者乃至於其後人必須先面對其罪行，才能讓罹難受害者放下哀痛，最後才能對亡靈作出救贖。

拋開嚴肅沉重的救贖問題回到旅行本身，靖國神社

有其一探究竟的諸多價值，首先是很少觀光客，除了看到少數歐美旅客外，神社內很少亞洲觀光客；第二，靖國神社所舉辦的各種日本傳統祭典的種類與次數幾乎是全日本之最，隨便一個午後都極可能在神社內免費欣賞到日本最傳統的表演與祭典，畢竟，靖國神社是全日本最守舊的地方，舊的事物有好有有壞，盡可能地選擇好的那一面吧，我曾在四月份「春季例大季」周日午後在神社內的「能樂堂」看到能劇與日本傳統舞蹈。4

當然，在神社內總是會看到一群日本右翼的頑固份子，他們身穿傳統服裝甚至日本軍服，高唱日本軍歌，高喊一些右翼的愛國口號，不管你看了之後舒不舒服，但我對於旅行的態度依舊是……

愛與恨都得建立在了解上頭！

4

參觀資訊

靖國神社

➡ 搭地下鐵東西線、半藏門線或新宿線在「九段下」站下車後從1號出口循著指示標示步行5分鐘即可抵達。

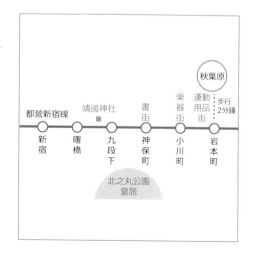

總是覺得大福太甜不好吃？
其實是你沒遇上到好店家

元祖 塩大福 みずの（mizuno）

鹽味大福

しおだいふく

 交通：JR山手線巢鴨站
預算：5個大福600日圓
順遊景點：巢鴨老人街

許多人和從前的我一樣，總認爲日本大福（口感似麻糬，內餡包紅豆）的口味過甜，當我認眞找尋並品嚐好吃的店家後，完全改變對日本大福的刻板印象！這好像股票投資，許多人認爲投資股票總是虧錢，其實是用了錯誤的方法，相同地，以爲大福是甜死人不償命的主因是「沒有找到好吃的店家」。

日本和台灣一樣以米食爲主食，以糯米爲原料製作的大福自然成爲和菓子主流。常見的大福有四種：草莓大福、豆大福、草味大福（和草餅不同的是加了紅豆內餡）以及鹽味大福，其中每種口味都有我喜愛的店舖，如志"滿ん草餅（見本書P.168）、玉屋的草莓大福（見本書P.114）以及巢鴨元祖みずの的鹽味大福。

鹽味大福是「巢鴨地藏通商店街的特產，整條超過一公里的商店街上至少有十家以上的鹽味大福專賣店，其中最道地最好吃的應該是「みずの」這家店，爲什麼我如此篤定？看它店門口排隊的人潮便一目了然。

絕大部分的大福內餡都是紅豆泥，紅豆本身有其自然的甜味，

然而紅豆的特性是越煮越甜，造成多數大福過甜的缺點。如果想要降低甜度，讓大福嚐起來甜而不膩，就需有特別的作法。許多店家採取化學添加物讓甜度降低並拉長保鮮期，風景區和機場那些販售大福伴手禮的鋪子多半屬於這類。

但另外一些作法比較道地（或比較有職業道德）的商家就會運用自然的方法，如草莓大福是利用草莓的酸味調和甜味，草大福則是利用艾草的苦味壓低紅豆的甜膩，而鹽味大幅則是在外皮與內餡加點鹹味來平衡。這裡的鹽味大福和許多加鹽巴的甜點製品不一樣的是，它

手指點菜
也OK

跟著吃漢點招牌菜

鹽味大福（塩大福）
Shio daifuku　　　　　　　　120日圓

鹽味大福是這裡最受歡迎的產品，每個阿公阿嬤經過，最起碼都會掃走兩盒。這裡的大福皮使用宮城產的糯米粉和博多的鹽巴，最後包入北海道十勝產的小豆豆沙。咬一口就讓你無法自拔！

草味大福（草大福）
Kusa daifuku　　　　　　　　130日圓

這裡的草味大福包的紅豆餡有紅豆顆粒，和鹽味大福的細豆沙不一樣。因為草的香味，也多了一份清香，再沏上一杯熱茶真是絕配！

並非在外皮撒鹽，而是在烹煮過程加入鹽味，其鹹味不是一般的鹽巴味，反而比較接近料理的甘，當然這是商家的秘密配方，很難一窺究竟。

　　咬下鹽味大福外皮第一口時，坦白說，身為台灣人的我有點不太能接受，那接近日本傳統野澤漬菜的味道有些奇特，但接著第二口混著外皮和內餡一起品嚐時，漬菜味道慢慢淡出而由紅豆香甜味道來取代。奇妙的是，經過鹹甜味道的中和之後，紅豆泥內餡和彈牙的外

皮，完全不膩，而是一股說不上來的絕佳平衡口味。相信大概只有造字的倉頡重生，才有辦法用文字來形容這股甜鹹之間的平衡美味。

　　我30歲那年便已經升遷成為部門主管，領著一群比我還年輕的幹部，一群不到30歲的年輕團隊自然有其充沛的戰鬥力，公司的老闆若是皇帝的話，業務部門的主管當然就是前線作戰部隊的將領，站在帝王學的思考角度，皇帝一定無法容忍麾下的精銳軍隊成為將領的私人部隊，於是他指派了一個比我

大十幾歲的副手給我。這位副手的個性、行事作風完全和我相反，所以一開始兩人對業務、對管理的看法衝突不斷。

然而有一回，身為主管的我衝刺過頭，為業績而忽略風險去接洽一間風評不佳的客戶，那位副手怎麼都不肯在交易的評估報告上簽字，礙於部門內控規定，我只好悻悻然放棄那個案子，半年多後那個客戶傳出財務危機，其他沒有踩煞車的金融同業一一中槍吞下幾千萬的呆帳。

人人都喜歡與個性相同的人共事，遇到非我同類的人總覺得格格不入，甚至會因為個性不合而產生一些摩擦，但站在公司組織的立場，這種不同意見的相互牽制反而是種安全瓣。尤其是經手上億金額的金融業，率領第一線衝刺的業務主管，更得學會調和不同個性的成員，才能發揮有為有守的戰力。

組織如此，鹽味大福也是如此，甜與鹹的搭配造就出讓人難忘的美妙平衡好滋味。

美食資訊

元祖塩大福みずの

- 搭 JR 山手線在「巢鴨」站下車，出車站過個馬路往「巢鴨地藏通商店街」走去，步行時間從車站到店家大約只需 3 ～ 4 分鐘。
- ★★★★★
- 9:00-18:30（全年無休）
- 東京都豊島区巢鴨 3-33-3

巢鴨老人街
銀髮商機是過去還是未來？

1

　　東京具有多重風貌，六本木、澀谷與原宿跑在時代尖端，不停地替未來寫出定義；但同時也有許多老街，認真地保存一切古老事物。

　　老街沒什麼稀奇，別說日本東京，連台灣從南到北也有大大小小數十條老街，但「巢鴨地藏通商店街」這條老街可不只是年代久遠（從江戶時期至今），還是個名符其實的「老」街，巢鴨號稱「歐巴桑的原宿（おばあちゃんの原宿）」，顧名思義，商店街的商品幾乎以熟年階層為銷售對象。

　　街上聚集多家販售線香、念珠的佛具專賣店、助聽器專賣店、漢

（中）藥店，婦人服（日文婦人服指的是上了年紀的熟女的衣服）、紳士服、佃煮專賣店（將小魚和貝類的肉、海藻等海草中加入醬油、調味醬、糖等一起熬煮而成，很受以米食為主食的老年人口喜愛）、和菓子店、仙貝煎餅店、野菜店、醃漬食物專賣店……等以老年顧客為銷售主力的商店。₂

眾所皆知日本已經邁入老年化社會，以往不起眼的巢鴨，近年來搖身一變成為東京最富盛名的購物商圈之一，逛街的人潮也慢慢擴及到青壯年。

對於遠從台灣來的觀光客的我，這些商品或許無法勾起我的購買衝動，畢竟醃漬佃煮的食物或線香很難通過海關帶回台灣，但漫步在巢鴨，總會浮起一股對日本生意人的羨慕感。

怎麼說呢？

　　台灣人開店作生意總喜歡炒短線一窩蜂，只要看到街頭巷尾有什麼店生意興隆，立刻會有人跟進在附近作相同的生意，拚到最後只好步入惡性削價競爭，而巢鴨熟年商圈的興盛卻建立在互補上，一開始只是一兩家賣佛具的商店，當佛具店吸引許多歐巴桑光顧後，旁邊的店家不是跟進搶開佛具商店，而是思考：「如果我在旁邊開家漢藥店來吸引這群歐巴桑顧客？」，下一家商店也許會考慮「既然都是老人，說不定買佛具與漢藥的這批客人需要老花眼鏡呢？」，下一家商店也許會考量：「那我乾脆來賣這些歐巴桑最愛的佃煮！」「這群歐巴桑逛完之後會不會想要順便帶點傳統口味的仙貝當伴手禮呢？」「我來賣這群熟年顧客最愛吃的鰻魚飯！」……就這樣，營造出以固定族群不同需求的特色商店街。

　　當看到他人生意興隆時，先別急著眼紅嫉妒搶客人，而是應該想辦法和他人攜手合作「把餅作大」，作生意最高明之處莫過如此。

　　地藏通商店街上有座高岩寺，全名為「曹洞宗萬頂山高岩寺」[3]，寺中奉祀的「拔刺地藏」和寺前廣場上的「淨行菩薩」都以靈驗聞名。高岩寺的廣場經常聚集許多熟年長輩，有點類似台灣鄉下的廟埕，與周邊的商店一起營造出**「豐盛的熟年氣氛」**。在全世界包括台灣都已經逐步進入老年社會的前夕，說不定，巢鴨的模式與故事，才是真正的未來呢！

3

開業六十年、給內行人品嚐的日式甜點

最中

もなか

 交通：半藏門線半藏門站
預算：115日圓／最中一個
順遊景點：東京一番街

在眾多的日式甜點中，台灣人對金鍔（きんつば）和最中（もなか）相當陌生，其主因不外乎保存不易和外表賣相不美觀吧！比起在機場免稅商店那些什麼香蕉長頸鹿斑馬造型的甜點，金鍔與最中的賣相的確遜色許多。但容我大膽地講句不中聽的話，金鍔與最中是給**內行人品嚐**的。

「最中」是種只有內餡和餅皮極為素簡的甜點，外皮有點像冰淇淋的餅皮，但兩者截然不同。最中的外皮是用糯米高溫烘烤而成，越好的最中，其表皮越是鬆軟輕薄，和冰淇淋酥脆餅皮完全不一樣。最中和金鍔的內餡相當單純，大多數為紅豆，有些店家會在夏末秋初時推出栗子內餡。最中的餅皮與紅豆內餡是分開製作，最後才一起包裝成型，所以最中的餅皮和紅豆內餡之間會有層次感。

一元屋是東京眾多販賣最中與金鍔的和菓子店鋪中，我最喜歡光顧的一家，一元屋已經開店超過六十年，單單這點就合乎了「到老店吃傳統」的最高覓食原則，它有三種招牌甜點：大納言最中、求肥最中和金鍔。最中的外皮以及求肥餡的原料是來自北陸新潟的越光米，

外皮鬆軟還帶點微香的焦味，沖淡了紅豆內餡的甜度，其大納言紅豆產地是北海道十勝地區，不論是最中還是金鍔，剝開之後可以看到大顆又飽滿的紅豆，可說是粒粒分明。

由於不加任何防腐劑，一元堂剛出爐的最中與金鍔的有效期限頂多只有五天，確實很難當成伴手禮帶回國饋贈親友或回家慢慢品嚐，

這或許也是這些傳統日本甜點的知名度無法在觀光客圈子打開的最重要原因。我通常是一下飛機第一天

手指點菜
也OK

跟著吃漢點招牌菜

求肥最中（求肥最中）
Gyuhi monaka　　　　　　　　　　115日圓

一元屋的求肥最中是我非常推薦的一品！求肥是麻糬的一種，但比起大福更軟更薄，所以求肥一般都當成甜點的內餡，一元屋的求肥餡比較緊實，與最中的糯米餅皮、紅豆一起品嚐，可以同時享受三種截然不同的口感，好像三位節奏不一的舞者在嘴巴內舉辦豐盛美味派對。

金鍔（きんつば）
Kin tsuba　　　　　　　　　　　　147日圓

一元屋的金鍔也和其他金鍔有些不同，金鍔的外皮是用麵粉加上鹽在鐵板上燒烤而成，所以其表皮有些燒烤時所形成的氣泡小孔，金鍔外皮的優劣其實可用氣泡小孔來斷定，越多氣泡小孔的金鍔，其麵皮越好吃。

就先去買個幾盒，當成搭火車旅途中的小點心，香甜的滋味搭配地方小火車，憑添濃濃的東洋味旅情。

我們總是會在旅行中添購些伴手禮，回去送給親朋好友，但往往礙於種種限制，讓旅行者被送禮這檔事情羈絆，遷就他人而喪失了品嚐美食的好機會。工作上頭也是如此，為了遷就人和而不積極去表達自己意願和企圖。當我開始從職場轉到寫作生涯的初期，我始終在「讀者喜歡看什麼？」「市場能夠接受什麼？」這些想法中打轉，直到有一天，有位文化界的長輩問了我：「你到底想要表達什麼？」，一句話點醒自己，創作過程從此海闊天空。😊

美食資訊　一元屋

- 🔜 搭地鐵半藏門線在「半藏門」站下車，從3號出口出站，一出站立刻見到一元屋招牌。
- 😊 ★★★★★
- 🕐 週一～週五8:00-18:30、週六8:00-17:00（定休日：週日與國定假日）
- 🏠 東京都千代田区麹町1-6-6

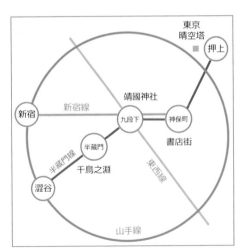

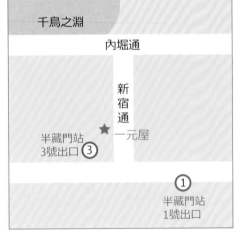

東京一番街
東京新車站的精華景點

　　車站有什麼好逛？從2012年東京車站整修工程完成後，東京車站已經躍升為東京數一數二的逛街「名所」，如果遊客只是想要轉車，那大可不必來東京車站轉車，因為東京車站實在太大了，若想要搭地鐵丸之內線或JR山手線來東京站轉京葉線到迪士尼樂園，我奉勸各位千萬別如此安排，因為單單走出地鐵車廂到京葉線的月台，腳程慢的朋友起碼得走上20分鐘，要到迪士尼樂園最好到日比谷線上的「八丁堀」站去轉JR京葉線還比較省事。1

2012年東京車站整修工程完工，再加上與車站共構的幾棟超高大樓如丸之內大樓、新丸之內大樓與Gran-Roof陸續落成，東京車站儼然成為一棟超級無敵巨無霸的高功能MALL，耗上一整天的時間恐怕都無法將之逛遍。

如果時間不充裕無法在東京車站待上一整天，至少有兩個精華區域倒是得花點時間逛一逛，一是新丸之內大樓7樓的夜景，二是東京一番街。

在東京車站的任何角落都有相當詳盡的位置圖，所以新丸之內大樓和東京一番街不會太難找，新丸之內大樓是棟複合式的商辦型大樓，與東京車站相通，一到四樓是精品商店區，5到7樓是餐廳（可以在東京車站的地下街搭手扶電梯），其中7樓有露天的大花園賞景平台，從平台可以眺望東京車站改建後的全新面貌以及周遭林立的摩天辦公大樓，也可以遠眺東京市區中最昂貴的一些酒店如四季、香格里拉等，現在已經成為東京賞夜景的新名所，到這個露台賞景是無須付費，所以不用

擔心。當然新丸之內大樓的餐廳，其價格比起本書所介紹的Ｂ級美食昂貴，好吃與否就見仁見智。

　　東京車站更精采的地方在於它的地下街，除了充滿了超多東京有名的連鎖餐廳（如六厘舍、斑鳩拉麵等）外，還有一條也是近年來最熱門的東京一番街。這條商店街集合了數家電視台動漫商品店鋪以及多家有名動漫的人物周邊商品的商店，如Hello Kitty、航海王、Snoopy、宮崎駿的吉卜力專賣店、鹹蛋超人、JUMP SHOP、TOMI-CA SHOP、樂高、miffy兔、kyorutto shop……₂等。如果說秋葉原是青少年與阿宅的朝聖之地，那麼東京一番街應該可以稱得上是兒童與動漫迷的新聖地了。但隨著人口熟齡化，東京一番街的商店也漸漸地可以看到最新的日本偶像劇的相關產品，如半澤直樹的相關商品等。

2

參觀資訊　**東京車站**

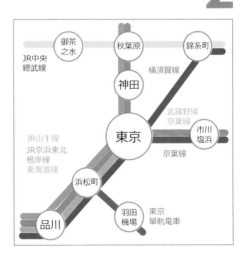

➡️ JR系統的山手線、京葉線、中央線、橫須賀線、總武線、京濱東北線與所有關東地區的新幹線，以及地下鐵丸之內線。此外也可以搭有樂町線到「有樂町」站或搭千代田線、日比谷線、三田線到「日比谷」站，這二站與東京車站的地下街是相連通的。

🕐 東京一番街時間 10:00-20:30
拉麵街時間 11:00-22:30

百年老店的傳統甜點：金鍔

金鍔

きんつば

交通：東西線日本橋站
預算：午、晚 800 ～ 1000 日圓／人
順遊景點：貨幣博物館

我喜歡品嚐老店的美食，越古老的店越能吸引我，特別是甜點，老店的風味更是身為美食基本教義守舊派的我的不二選擇。我所造訪過的東京老店中，成立於1818年的榮太樓應該是最古老的日本傳統甜點店。談起榮太樓便不得不談起它的招牌甜點「金鍔」。

金鍔僅以冰糖與紅豆為內餡原料，作法是紅豆餡包裹在麵皮後在鐵板上燒烤成圓形，與一般饅頭不一樣在於金鍔的麵皮比較薄，並在表皮中加入寒天讓薄的麵皮能凝固成形。金鍔另一個特色是含水量相當高，不論是外皮還是內餡，水的成分占了所有材料的4成以上，以至於金鍔吃起來比較鬆軟，甜度也比較適中。但是由於含水量高，加上沒有加入防腐劑，所以保存期一般來說只有3到5天，最好在出爐當天品嚐。

台灣人對日本的傳統甜點金鍔比較陌生原因有二，一是保存期很短，一般風景點商家或機場賣店不敢冒庫存風險販售；第二個原因

這種外表醜陋不討喜的甜點，我也曾因外形而和它擦身而過呢！

除了傳統的金鍔外，還有栗金鍔。顧名思義其內餡是栗子，由於用栗子取代紅豆，所以它的甜度更低，香味更濃，但栗子有其季節性，只有9～10月才有販售。

榮太樓在東京羽田機場的江戶小路也有榮太樓的專櫃，我比較喜歡到位於日本橋的本店，除了甜點種類比較多（在機場或百貨公司的專櫃買不到金鍔）以外，本店的喫

是，金鍔的外表比起其他五顏六色的糕點，確實醜陋，整塊金鍔灰中帶暗，外皮粗糙且凹凸不平，在講究美學的日本國度中，金鍔稱得上是甜點中的異類。

跟著吃漢點招牌菜

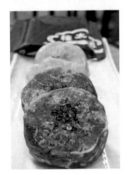

金鍔（きんつば）
Kintsuba 189日圓

金鍔另一個特色是含水量相當高，不論是外皮還是內餡，水的成分占了所有材料的4成以上，以至於金鍔吃起來比較鬆軟，甜度也比較適中。

油菓子（あぶらがし）
Aburagashi 250日圓

特別是油菓子，一共有白砂糖（白ざらめ）、肉桂（シナモン）、野菜、黑糖、花生（ピーナッツ）、花林糖（そばかりんとう）等口味，吃起來不若米果油膩，香酥的口感，當成回國餽贈親友的伴手禮相當適合。

金鍔

、たがり

たのは享保年間
いわれています。
で餡を包んで焼い
こと称して売られて
形が刀の鍔のよ
黄金の焼き色が
て江戸は金本位
金鍔と名付けら
ながらの丸くて
ご出来るだけ薄
以来です

茶室還可以一併品嚐傳統冰品。若沒有時間跑去本店購買的話,羽田與成田機場的專櫃有榮太樓的罐裝水羊羹(水分含量高,口感較柔軟的羊羹)、葛櫻(以櫻葉包裹的半透明葛饅頭)。

吃過越來越多甜點老店後,自己的舌頭已經有「回不去」的感慨,每每到了機場,總是對甜點專櫃中琳瑯滿目的「庸脂俗粉」已無法產生興趣,只剩下榮太樓等少數老舖的甜點還能引起我購買的欲望。以往所認定的山珍海味,其實不過只是井底之蛙之見,吃了太多美食後,口味越來越刁,心中那股莫名的孤獨感越來越強。

如果我依舊抱著「以貌取人」的心態,可能永遠不會去嘗試金鍔的滋味。我們曾經因為外表而選了不對的政客,曾經只因為外表而錯過「Mr. right」或真命天女,曾經

亮的封面而錯過一本能夠改變自己人生的好書。金鍔這種幾百年的老甜點，之所以能夠流傳至今，在於它的成熟內涵，能夠拋開外貌這種幼稚的成見，不也是一個人邁向成熟的重要表現嗎！

因爲其貌不揚而放棄錄用會幫你賺大錢的部屬員工，更經常因爲不漂

一小塊金鍔，一大篇滿滿人生智慧。

參觀資訊　榮太樓總本鋪

➡ 淺草線、銀座線、東西線「日本橋」站下車，出口B9徒步1分鐘。
☺ 金鍔★★★★★、各種油菓子、罐裝水羊羹★★★★☆
🕘 9:00-18:00（定休日：週日、國定假日）
🏠 東京都中央区日本橋1-2-5

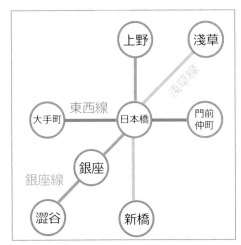

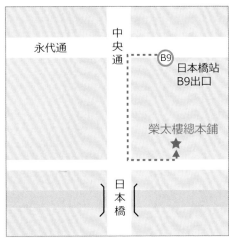

貨幣博物館
免門票、無旅行團干擾且館藏超豐富

　　日本橋一帶除了榮太樓總本鋪以外，還有許多值得一逛的地方，我個人最推崇的是「貨幣博物館」，這座博物館隸屬於日本銀行（也就是日本央行）。

　　日本橋是東京最原始的發跡地之一，雖然我並不是歷史考古狂的旅者，但在旅行我只是喜歡兩大元素：一是原味，二是安靜。在東京這個國際大都市要找到這兩個元素已經越來越難了，不甘心的我想要給自己一個難題：要找到可以逛街購物，又有歷史古蹟的建築可以看，最好又沒有觀光客的侵襲，既不能太熱鬧也不可太冷清，這些條件只

順帶一遊

剩下日本橋這個地方了。

　　日本橋比起新宿、銀座、上野、六本木或澀谷，人潮只有五十分之一，這裡出沒的人只有兩種：貴婦與上班族，幾乎碰不到觀光客。只是如此安靜會很無聊嗎？絕對不會！這裡有兩座日本最古老的百貨公司：高島屋與三越的創始老店！日本橋銀座池袋不一樣的地方是，這裡的高島屋百貨大樓本身就是棟百年巴洛克建築。在其中逛街的確有復古的感受，尤其是它的一樓大廳，巴洛克挑高的造型少了現代金屬的壓迫感也沒有尋常和風那種俗麗。

　　據我多次東京旅遊經驗，觀光客人潮多寡依序是百貨公司、遊樂場、高級購物商店街、知名神社、下町老街、新興小鎮（如自由之丘和下北澤）、公園、博物館美術館。而眾多的博物館美術館中，我所見過最少參觀人潮絕對是位於日本橋的貨幣博物館，（或許是不想被銅臭味掃了遊興吧！）我是個財經作家，旅遊中總是喜歡和錢扯上一點關係，如跑到古物跳蚤市集去找尋稀少且古老的各國錢幣，看到外國特殊的銀行、匯兌所，總是會好奇地探頭探腦一番。

　　既然是平價旅行，免門票、沒有旅行團干擾且館藏豐富的貨幣博物館，當然不容錯過，貨幣博物館旁邊有日本最古老的百貨公司，高島屋日本橋店與三越日本橋本店，這兩個地方逛起來會讓人精神錯亂：前1分鐘才在百貨公司把口袋的鈔票花個精光，後1分鐘便來貨幣博物館參觀「離我遠去」的鈔票與錢幣。博物館對於「保存貨幣」的功力的確是比我高明太多。

值得一提的是，入館完全免費！貨幣博物館的貨幣存量已經夠多了，無須再向入館參觀的遊客索取吧！走進大門，門禁有點森嚴，但別被嘰哩咕嚕的警衛嚇著，他只是要說明入館前必須把隨身攜帶的行李寄放在大廳的置物櫃內。館內的收藏相當豐富，除了日本國千餘年來所使用過的流通貨幣外，還收藏了以前日本在殖民地與二戰占領區所發行的貨幣，如台灣日據時代的各種貨幣，連偽滿州國當年的貨幣、日俄戰爭發行的戰爭貨幣……等可說是讓人看得眼花撩亂。

除此之外，館方還特別展示了全世界各種有關特殊貨幣的主題收藏品，如最漂亮的紙鈔（大部分是法屬北非一些國家的紙鈔）、最小最大的紙鈔、最大面額與最小面額的貨幣……等饒富趣味的鈔票展。

館內最值得參觀的莫過於一部「展示各國紙幣的機器」，全球各國的所有貨幣都收藏在這部互動式的機器！遊客可以藉由觸控式螢幕，按照不同國家的名稱按英文字母順序來操作，點選想要欣賞的國家的按鈕，機器就會自動挑選出該國的鈔票供人欣賞。譬如你想看埃及的貨幣，只要找到E字母，依序找到Egypt，機器便會自動找出所有面額的埃及貨幣：埃及磅。

在館內還看到了台灣日治時代的各種所謂的舊台幣，以及日軍侵華時在中國占領區發

行的鈔票，當然館內收藏最大宗的是日本貨幣，從古代、中世代、近代到現代分類展示。

　　我一共造訪過該館三趟，最棒的是，偌大的展覽廳幾乎不曾見過洶湧人潮，在附近的百貨公司逛累了，在人形町吃飽了，就來貨幣博物館吹吹冷氣、欣賞貨幣吧！沉浸在貨幣的世界，沒預算在旁邊的高島屋大肆採購，來這裡參觀一下鈔票也算補償吧！

　　與其他博物館美術館相比，貨幣博物館在「賣店紀念品」的內容就比較遜色。這間博物館完全不以營利為目的，只推出了日本鈔票圖案的毛巾、卡片，相當可惜，也正因沒有商業色彩，所以來館參觀的人數始終相當稀少。對於像我這種少數的愛錢如命的識途老馬而言，提供了一個可以慢慢欣賞又不受喧擾的品味空間。

參觀資訊　貨幣博物館

➡ 最近出口：地下鐵銀座線三越前站（出口B3）徒步1分鐘。

🕐 9:30-16:30（定休日：每週一與國定假日）

💲 免費

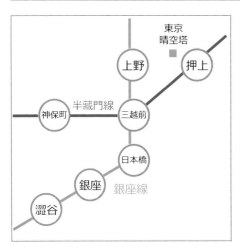

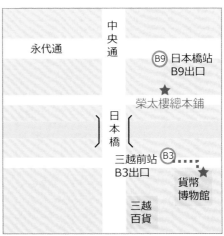

堅持不開分店、口味繽紛的炒豆子老店

麻布十番站　豆源

豆菓子

まめかし

交通：大江戶線麻布十番站
預算：每包售價大約在 300 ～ 600 日圓不等
順遊景點：國立新美術館

以前我常常因爲伴手禮的採購感到大傷腦筋，東京許多眞正好吃的甜點零嘴，多半只有五天以內的賞味期限，否則就只能在機場買些高知名度但沒有什麼特色的免稅商品甜點禮盒。遇到同樣是日本通的親友，自己心中難免會嘀咕，號稱東京美食通的我一點也不想帶那些通俗的免稅商店甜點送人，雖然親友們不曾這樣想過。或許是我想太多，或許我被日本旅遊達人這種封號制約而產生一種對伴手禮的「專業傲慢」吧！

對選擇伴手禮，我眞的是相當堅持，寧可空手而回也不想隨便買個連台灣超商都可以買得到的「國際連鎖甜點」。直到幾年前在麻布十番街上遇到這家專賣各種豆菓子的「豆源」之後，徹底解決了我買伴手禮的窘境。

到「豆源」採購，已經成爲我每趟東京旅行的必走行程，當然我承認有部份理由是緣於麻布十番這個景點讓我著迷。豆源創業於慶應元年（1865年），至今（2014年）已經有150年的歷史，剛開始只是沿街叫賣炒豆子的小攤，讓我感到驚奇的是，豆源除了麻布十番本店之外，至今沒有一家分店！頂多只在一些百貨公司設攤位，不開分店以維持豆菓子的製作品質。當然這也是我選擇好吃店的原則之一，因爲打死我都不相信那些擁有太多連

手指點菜
也**OK**

跟著吃漢點招牌菜

青海苔豆
（青のり）
Aonori

杏仁蜂蜜豆
（アーモンドハニー）
Amondohani

白糖豆
（雪ごろも）
Yuki-goromo

味噌花生豆
（みそ南京）
Miso Nankin

花生黑糖豆
（出世豆）
Shusse mame

綠豆
（グリーン豆）
Gurin mame

鹹蠶豆
（塩豆）
Shio mame

胡麻大豆
（胡麻大豆）
Goma daizu

抹茶豆
（抹茶豆）
Matcha mame

蝦豆
（海老豆）
Ebi mame

胡麻寒梅口味
落花生 （ごま落花）
Goma rakka

咖啡堅果豆
（コーヒーナッツ）
Kohinattsu

芥末豆
（わさび）
Wasabi

優格堅果豆
（ヨーグルト豆）
Yoguruto mame

起司堅果
（チーズナッツ）
Chizunattsu

幸福豆章魚燒口味
（タコボール）
Tako boru

幸福多多和章魚音似

黃粉豆
（きなこ大豆）
Kinako daizu

★每包售價大約在
300～600日圓不等

青梅口味的花生
（梅落花）
Ume rakka

可可豆
（ココア豆）
Kokoa mame

綜合海味豆
（おのろけ豆）
Onoroke mame

原味大豆
（福豆）
Fuku mame

紫蘇落花豆
（しそ落花）
Shiso rakka

祝壽豆
（いか寿豆）
Ika kotobuki mame

白蘭地杏仁
（ブランデーアーモンド）
Burandeamondo

黑咖啡豆
（ブラックコーヒー）
Burakkukohi

洋蔥豌豆
（オニオングリンピース）
Onion gurinpsu

鎖分店的商家，還能保存多少代代相傳的老味道。你可以說我有「消費傲慢」，但可不能否定我選老店的用心。

它的商品有兩大類，一是炒豆子，二是米果。每類都有幾十種口味，但我個人偏好它的炒豆子。除了好吃之外，畢竟這家店是以炒豆子起家，它的豆子包括花生、蠶豆、大豆、豌豆、堅果與杏仁，除了豆子種類不同以外，還有各式各樣超過五十餘種的口味，若再加上米果、炒年糕合計超過百種口味以上。由於種類太多，我以我吃過的炒豆子簡單介紹，順便幫讀者翻譯。

吃炒豆子時得分三個層次：先含在嘴裡嚐嚐表面的調味，再咀嚼炸過的麵衣品嚐口感，最後吃包覆在最裡面的豆子。舉「梅落花」為例，表面有淡淡的青梅香氣，咬下去有脆脆的麵衣，最裡頭卻是最道地的落花生。

店家最熱賣的是綜合海味豆。如果想要在喜慶中討個吉利名字可以買祝壽豆、福豆或幸福豆。我個人最感到愛不釋手的有味噌花生豆，它有濃濃的味噌香味，甚至連

拿來配稀飯都很搭配。

此外我也很愛黑咖啡豆，豆子表面灑上厚厚的咖啡粉，剛入口時略感苦澀，但入喉之後宛如喝了一杯固體咖啡而齒間留香呢！如果送禮的對象是女性，最佳的送禮選擇則是優格堅果豆與起司堅果豆，這兩種具有法式口味的堅果豆，最受女性歡迎。此外，我認為最特別應屬白蘭地杏仁，其他種類的豆子在其他地方或多或少有機會品嚐，但白蘭地杏仁恐怕就很難在其他地方吃到類似口味了。

最讓我扼腕的是海膽豆（ウニ豆），幾次到豆源都讓我殘念而歸，由於海膽豆的原料有限，每天到了下午便賣完，偏偏麻布十番最吸引人的卻是其夜景，等我到豆源早就銷售一空，只能大嘆魚與熊掌不能得兼。

品嚐過的親友的往往會問上一句：「這真是口味好特殊的豆子，你在哪邊買的？」總讓我有股行家感受呢！

美食資訊

豆源

➡️ 搭地鐵南北線、大江戶線於麻布十番站下車，從4號出口徒步1分鐘。

😊 ★★★★✩

🕙 10:00-20:00（定休日：週二）

🏠 東京都港区麻布十番1-8-12

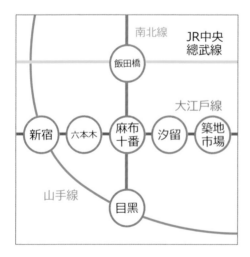

國立新美術館
內藏米其林三星餐廳

　　六本木儼然和「寸土寸金」畫上等號，早年這個區域多半只是軍事用地，如今搖身一變成為全亞洲都市更新的典範，靠的可不是商業賣場或炫爛建物，而是由藝術人文營造出整體質感，購物中心或商辦大樓只能配當二線角色。大量的優質公共空間包括了最有名的六本木之丘和中城，還有國立新美術館、21-21美術館、三得利美術館、森美術館等公共建築。

　　整個偌大的六本木，如果想貪心地用一網打盡的心態去逛遍它，恐怕得耗上三天以上，如果只有三個小時的時間，最好的建

議是「國立新美術館」₁，逛美術館或博物館目的除了藝術作品外，建築物與人文風情也是重頭戲。國立新美術館顛覆了美術館的傳統定義，它沒有收藏任何館藏作品，其經營手法是單純舉辦各種展覽，每隔一段期間便會更換展覽主題與作品，由於沒有超人氣名家作品，所以少了大批觀光人潮（如巴黎羅浮宮、倫敦泰特美術館、紐約MoMA），也因為定期更換展覽作品，自然吸引了許多真正的藝術愛好者或藝術工作者前往欣賞，無形中提升了美術館的格調。

2007年才落成的國立新美術館的樓地板面積是全日本最大，就算不進展覽廳欣賞作品，建築物本身就很有看頭，建築本身採用玻璃帷幕牆，造型呈現波浪起伏相當具有「現代前衛」感，最精采的莫過於館內聳立了兩座巨大且一高一低的「倒圓錐型」結構體，而較高的倒圓錐體上的空間竟然是間米其林三星餐廳「Brasserie Paul Bocuse Le

Musée」₂，可以坐在美術館最高處，以君臨城下的奢華眼光一邊品嚐
來自法國里昂的套餐、一邊賞析建築，應該（我用應該的字眼是因為
自己沒有勇氣走進這家餐廳）會產生日本昔日華族的奢華幻覺吧！當
然，不斐的價格就留待讀者自行
斟酌。

參觀資訊
國立新美術館

➡️ 如果讀者沒有時間從麻布十番一路走到六本木國立新美術館，可以搭大江戶
線在六本木站下車從7號出口循著指標前往，麻布十番與六本木是大江戶線
的前後站，車程只有3分鐘，六本木地鐵站占地相當大，但請別擔心，不論
目的地是國立新美術館、中城還是六本木之丘，下車後處處可以看到清楚的
動線指標。

🕐 開放時間10:00-18:00（週五延到20:00）／定休日：週二，從大江戶線六本
木站7號出口步行到美術館的時間約3分鐘。

💲 走到美術館大門口前，右側有展覽售票亭，如果只打算參觀館內建築無需購
票。

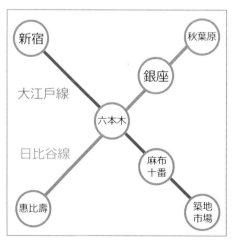

撲鼻的艾草香味，讓人回味再三

 墨田區　志滿草餅（志"満ん草餅）

草餅

草もち

交通：無
預算：135日圓／個
順遊景點：向島百花園

大家聽到日本的草餅或許有點陌生，如果換成「草仔粿」應該就恍然大悟。草仔粿通常用來清明祭祖的食品，以往和冬至的割包、元宵的湯圓、端午的粽子並列重要節慶食品，台灣的閩南人草仔粿大部分是用鼠麴草（用台語發音成厝角草）當原料加入糯米漿團，而客家人則常用艾草，在民國六七十年的年代，草仔粿是家家戶戶每年總會出現在餐桌幾次的零嘴。但近年來台灣口味慢慢洋化，草仔粿漸漸不受新世代的青睞，其身影已經很難出現在現代人的餐桌上了。

日本的草餅的原料是艾草，與台灣的草仔粿的作法和材料大致相同，但最大的不同在於內餡和吃法。草仔粿有甜有鹹，但台灣人多數傾向吃鹹的，內餡大多是菜脯、蘿蔔絲、絞肉……等，甚至我還吃過起士口味。反觀日本的草餅比較少變化，草餅多半分成兩種，包餡（幾乎都是紅豆內餡）與不包餡，草餅與草仔粿還有個最大的不同點，草仔粿的重點在內餡的配料與爆香，而日本草餅則著重在「沾料」上，吃日本草餅除了品嚐艾草混雜糯米的那股新鮮的青草香味外，它們會灑上黃豆粉或淋上蜂蜜並搭配抹茶或日式煎茶一起吃。

多數日本草餅會做成草大福（日文的「餅」是中文的麻糬），然而位於東京墨田區的草餅專賣店「志゛満ん草餅」所賣的草餅的口感卻比較接近台灣的草仔粿，再加上日式的沾黃豆粉與蜂蜜的日式吃法，這種沒有包任何餡料的道地傳統吃法比較吸引我這種傳統守舊又固執的基本教義派的嘴巴。

送往迎來，才能一窺職場的必然性與真實的一面。

我在金融業不到八年從小職員升到掌管兩個部門合計二三十個部屬的主管，升遷的速度只能以直升機來形容，難道是我的能力與績效所致嗎？根本不是！能力績效那些東西只是教授拿來騙騙商學院大學生的東西。根本因素在於我願意送禮，懂的送禮且樂在其中，甚至還送過紅包呢，從踏入職場的第一年，只要逢年過節，便是我送禮的絕佳時刻，即便到最後我已經升遷到無法在升遷的職位了，依然維持

比較可惜的是，草餅的保鮮期頂多一到兩天，很難當成伴手禮帶回台灣餽贈親友，否則應該可以滿足身邊的年長朋友。

說到**送禮**，這可是一門職場上極為重要的潛規則，沒有多少人願意承認曾經送禮給老闆、主管與官員，但是若真的掀開這些暗地的

跟著吃漢點招牌菜

有餡草餅（あんいり）

aniri

135日圓

一打開這家店的草餅，馬上有一股撲鼻的艾草香味，若再配上一杯煎茶，感受與與多數偏甜的日本和菓子大不相同，甜膩的和菓子或許可以帶給人滿滿的幸福感，但草餅與煎茶所搭配出來的味道卻有種人生的豁達滋味。

商品は、生菓子ですので
本日中に お召し上がり下さい

對老闆或key man送禮的習慣。

我第一份工作在一家不起眼的地方企銀，同期間進去的大學畢業生有好多個。然而兩個月後，只有我獲得調到債券交易部門的機會，其他幾個人只能繼續幹櫃檯行員收水電費的工作。為什麼？難道是因為我比較優秀？比較有潛力？或者長得比較帥嗎？答案是我做了大部分年輕上班族不願意也不屑一作的事情：送禮。

我記得除了食品禮盒、洋酒這種必備的行頭之外，還特別準備了8000元的百貨公司禮券，這已經等同現金，況且那時候我的月薪才25000元，送個禮花了將近半個月的薪水，當然這代價是值得的，我因此可以提早好幾年歷練到更專業更有前途的領域，增加了後來的跳槽與升遷的籌碼。

耕耘職場的人脈到底要不要花錢？見仁見智！但若將人脈視為買賣式的投資，花點錢送點禮可是必要的，踏入職場的目的只有一個那就是賺錢，送禮只不過是種將本求利的投資，別把送禮無限上綱到品德倫理的境界。

美食資訊　志"満ん草餅

▶ 坦白說，志"満ん草餅位於墨田區的本店相當難找，最方便的方式是到江戶東京博物館的一樓「下町銘菓販売コーナー」（見上冊的p.102）的分店去購買。

◎ ★★★★☆

🕐 江戶東京博物館1F：10:00-17:30（定休日：週一）

向島百花園——濃濃江戶風情

1

　　到志滿草餅購買的途中，會先經過一座具有濃濃江戶風情的典雅花園：向島百花園₁，我喜歡買幾顆草餅在回程中帶進百花園，一邊賞花賞景一邊品嚐傳統草餅。

　　「向島百花園」是東京都立九大庭園之一，也是面積最迷你的庭園，慢慢走一圈大約只需三十分鐘，和其他八座東京庭園不一樣的是，「向島百花園」一開始就以「民營花園」為打造目的，它是文化文政年間（1804～1830年）由當時的古董商人佐原鞠塢在江戶地區

2

的文人墨客的幫助下建造，所以園內四處可見名人俳句或漢詩短歌的石碑。

　　小歸小，園內的植被卻是相當豐富。且隨著季節綻放不同花種，春天有蘭花雙葉草、紫藤、梅花；夏天有紫陽繡球花、木芙蓉、紅秋葵和菊花；秋天有胡枝子、芒草、桔梗、紅瞿麥、黃花龍芽、澤蘭、葛藤 2、荻；冬天有吉祥草、

3

金盞花、梅花和彼岸花。其中在秋冬之際的葛藤，乃是向島江東一帶的名產，是製作葛粉的原料，葛粉可以作成葛切、葛餅，是日本傳統甜食「餡蜜」的主要配料。

「向島百花園」距離東京晴空塔 3 不遠，園內處處可以遠眺晴空塔，因此也吸引了許多攝影愛好者來百花園拍照。

4

從東武電鐵東向島站下車到「向島百花園」之間有座「東武博物館」4，門票才200日圓，展示了東武鐵道公司歷年來各種火車與巴士的車種，鐵道迷可以順便欣賞一番。百花園附近全都是純粹日本住宅區，與東京都內的街景截然不同，可以深入體會日本眞正的巷弄街廓。

參觀資訊　向島百花園

➡ 從「東武淺草」站搭東武伊勢崎線在「東向島」
站下車步行8分鐘，特別注意東武的「淺草」站
和地下鐵的「淺草」站並沒有相連。此外，也
可以搭地下鐵淺草線在「押上」站換東武線伊
勢崎線到「東向島」站，順道下車到押上旁的
東京晴空塔遊憩一番。

🕐 9:00-17:00（最終入園時間是16:30）

💲 入園費：150日圓，65歲以上70日圓，小學生幼兒免費／定休日：年末與
年初（12月29日～隔年1月3日）

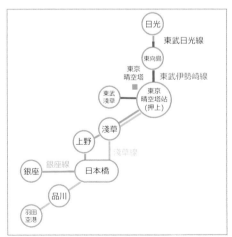

讓夏目漱石和泉鏡花著迷的百年甜點

日暮里站　羽二重団子

烤醬油糰子

焼団子

 交通：JR線日暮里站
預算：糰子與抹茶組合462日圓、紅豆羊羹四罐裝禮盒2226日圓
順遊景點：谷根千＆谷中靈園

身為吃漢，兩餐之間的點心的重要性一點都不遜於正餐，吃點心的好處在於不會讓自己在正餐前餓到飢不擇食的地步，避免隨便找間餐廳覓食的慘劇發生。

常去京都、奈良或金澤等日本古老城市的人，應該都喜歡在日式和風庭園內品嚐抹茶與和菓子。有別於英式下午茶，我稱之為日式下午茶。在假山假水的和式庭園裡，點一杯講究繁文縟節卻始終搞不清楚如何喝起的抹茶，還有甜甜蜜蜜的和菓子，不管外頭是酷暑還是暴風雪，日式下午茶提供了視覺與味覺的世外桃源。

這種純粹日式庭園風的甜點店在東京比較少見，只能在庭園式公園（如六義園、清澄庭園等）內的茶屋才能找到，但其多半是開放空間，無法克服天候不佳的窘境。

若想要在東京中心找到便宜（消費 500 日圓以下）、有庭園氣氛、附近得逛、不位於繁忙商業區的日式下午茶的店家，日暮里的「羽二重糰子」絕對是我的首選。

從1819年便開業至今的「羽二重糰子」，一來店名與當地的紡織業有關，二來取其「入口即化」的口感。會挑選「羽二重糰子」，除了店名對我有股懷舊之情外，超過百年的老店通常也是我選擇食物的依據，畢竟能夠存活百年以上自

然有其獨到之處。

所謂的糰子（だんご，Dango）是將糯米磨成粉末後，加上開水揉捏成小團狀蒸熟即成，吃法是三到五個串在長竹籤上。糰子原是神佛的供品，一般做成圓形。但做給人吃的糰子為避神佛之諱，因而

団子の由来

芋坂も団子も月のゆかりかな　子規

江戸文化開花期の文化
文政の頃、遥かなる荒川
の風光に恵まれたこの里は
辺り日暮しの里は音の
無川のせゝらぎと小粋
な根岸の三味の音もき
こえる塵外の小天地で
ありました

文政二年、小店の初代
庄五郎が、この音無川の
ほとり芋坂に「藤の木
茶屋」を開業し街道
往来の人々に団子を供
しておりましたが、
この団子がきんとんで
くて羽二重のようだ
と称されその羽二重団子
となって
も「羽二重団子」
創業以来今一
風味お

改成扁平形，這和台灣的湯圓相當
不同。再者，「羽二重」對我而言
是個很熟悉的名字，自古以來日
暮里是日本紡織品與棉被的集散中
心，我的外公是專門接代工單外銷
日本的棉被商人，他做的蠶絲被上
頭都會打上「羽二重」的字樣。羽
二重是用一種輕盈若羽毛的生絲，
所以早年外銷日本的蠶絲被都會標

榜有如羽二重的輕盈柔軟。

替人代工甚至仿冒生產，感覺

跟著吃漢點招牌菜

烤醬油糰子／紅豆餡糰子（燒団子／餡団子）
Yaki dango ／ An dango 一枝皆為 263 日圓

該店糰子的口味只有兩種：表面略焦的烤醬油糰子和紅
豆餡糰子，一鹹一甜搭配甘香中帶些苦澀的煎茶，搭配
得相當到味。他們的糰子讓知名文人如夏目漱石、正岡
子規、泉鏡花、田山花袋、船橋聖一、司馬遼太郎、森
鷗外……等文學大師都深深著迷，紛紛把它寫入自己的作品之中。最有名的莫過於夏目
漱石的作品《我是貓》。漱石應該是十分酷愛糰子這種點心，他在巨著《少爺》內也提
到松山的「少爺糰子」。

紅豆羊羹（あずき羹）
Azukikan 四罐裝禮盒 2226 日圓

這家店還有提供外帶的紅豆羊羹，用的是全日本最優質
的紅豆產地京都府丹波地區所生產的小豆，包裝精美討
喜且保存期限較長。也因為採用罐頭包裝，所以攜帶運
送不會變型，當成回國後的伴手禮相當實際。

上卑微且難登大雅之堂，大學企管課程或主流財經思維所推崇的是自我品牌、創新，但坦白說，那些都是象牙塔殿堂裡的學術供品，作生意求的是利益與生存。幾年前我開始想要轉換跑道成為專職作家前，我學了外公的生意哲學，先當了他人的代筆作者，替已經成名的作者代寫了幾本書，為了不穿幫還特意模仿委託者的文筆口吻，藉此磨練自己文筆與了解整個出版與編輯過程。我曾捫心自問，經歷了那些沒有掌聲的過程，反而是我後來能夠成為好作家的重要因素。

只要能在舞台站得夠久，就算只能窩在幕後的陰暗處，總有一天，只要燈光一不小心投射在自己身上時，立刻就能粉墨登場。

美食資訊
羽二重糰子

➡ 1、羽二重糰子位於JR山手線日暮里站附近，從南口出去右轉直走約5分鐘即可抵達。

2、店家位於「善性寺」的正對面，從車站出來到處都有標善性寺位置的地圖，直接找善性寺也方便。

😊 ★★★★☆
🕐 9:00-17:00（全年無休）
🏠 東京都荒川区東日暮里5-54-3

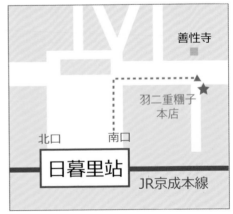

谷根千及谷中靈園
迷人的下町風情

　　如果想要體會東京「下町」（老街）風情的你，既不想和觀光客人擠人，又早已遊歷過其他下町熱門景點（如淺草、上野），「谷根千」地區應該是個不錯的選擇。其實「谷根千」並非東京的正式地名，東京當地人習慣將谷中、根津、千駄木這三區合稱為「谷根千」。由於此區近百年來躲過關東大地震與二戰空襲，加上附近的谷中靈園 1、根津神社、日暮里布街以及多到數不清的小寺院，所以谷根千依舊保留著許多古老建築和傳統老店，和不

遠的池袋、上野、秋葉原等現代大樓林立的氣氛有著相當極大的反差。這裡的生活步調、商業活動都比較緩慢，加上整個區域夠大，儼然成為東京下町老街懷舊之旅的朝聖地方。

品嚐過羽二重糰子後，從日暮里車站開始谷根千的懷舊散步之旅，由日暮里車站東口跨過陸橋後首先映入眼簾的是谷中靈園。這是座公園化的墓園，許多日本名人葬於此處，如德川幕府第十五代將軍德川慶喜等。

2

日本人和華人不一樣，他們不會忌諱墳墓，甚至還能夠接受住在墓園旁邊，特別是當每年三、四月份園中盛開的櫻花時，這裡還成為日本人賞櫻的熱門大景點呢！所以旅客到此不仿打破禁忌入境隨俗參觀一下足以媲美公園的靈園，去體會一下鬧中取靜的靜謐氣氛。2

　　我近年來造訪了許多日本的墓園（包括日光的涵滿之淵），從剛開始的心裡發毛，到後來的百無禁忌，不同文化或許有點小衝擊，但也因此學會放開心胸看待萬物，而非守著自己一成不變的文化頑固地去拒絕一切不同人事物。

　　谷中靈園對面有座「経王寺」，是座供奉日本七福神之一的「大黑天」。大黑天是授與世間富貴官位之福神，相傳此神能予貧困者大福德，是日本人心中的財神。來到谷中地區順便進経王寺去求財富求官位（工作）也不虛此行。畢竟，心誠則靈不是嗎？3

3

參觀資訊　谷根千及谷中靈園

➡ 順著下坡路一路走去，不到1分鐘便可抵達谷中銀座老街（可搭配上冊 P.144的「順帶一遊」）。

➡ 前往「日暮里」站可以搭乘JR山手線、京濱東北線與都營日暮里舍人線。

台灣少有、邊走邊吃的好甜點

三色紫芋塔

三色スイートポテトタルト

交通：小田急鎌倉站
預算：霜淇淋300日圓、紫芋餅一盒（×3）800日圓
順遊景點：江之島電鐵

到過鎌倉旅遊的朋友都曉得，鎌倉有兩條極具特色的購物商店街——小町通和若宮大路。幾百家各式各樣具有地方風情的店鋪集中在這兩條街上，逛起來只能用眼花撩亂來形容。いも吉館是家專賣「紫芋」甜點的連鎖店，在鎌倉地區一共有五家店鋪，但坦白說，它一點都不起眼，除了店門口的紫芋霜淇淋的招牌以外。

いも（Imo）是「薯」的意思，別以為在鎌倉街頭處處可見的「紫芋」是紫色的芋頭，日文漢字的芋（いも）其實是番薯，更詭異的是，這些紫芋的原產地並非鎌倉而是在鹿兒島，有意思的品種名是橘子番薯（オレンジ芋）。

紫芋餅這道甜點相當冷門，絕大多數逛過鎌倉的旅客想必不曾品嚐過、甚至連聽都沒聽過，否則也

頂多將它誤認為那種「甜死人不償命」的尋常甜食伴手禮。三年來我一共吃過三次，第一次其實是誤認成芋頭甜點誤打誤撞買下來的。吃了第一口後驚為天人，直嘆：「怎麼會有這種口感的芋頭？」，雖然事後才曉得原來吃的番薯製品，但在第二次與第三次更仔細的品嚐後，卻意外的發現，雖然是番薯，但吃起來卻帶著芋頭的鬆軟。

如果和台灣的芋頭酥比較，「紫芋餅」口感比較綿密鬆軟，也因為沒有麵衣，一口咬下去不會掉餅屑，但最讓我吃驚的在於三色紫芋塔的甜度，如果甜度從不甜到極甜的分數是零到10分，其甜度應該只有3～4分左右，完全顛覆我

對日式甜點的印象。

沒沒無聞的紫芋餅終究還是會被老饕伯樂相中,但若是在職場上低調不起眼,哪可能很難出頭,除非是刻意的低調。在我十二年的金融職場生涯中,低調從來不是我的選項,除了那段在外商銀行的九個月職涯。

台灣的職場不論什麼行業,都有個共同特點:崇洋。只要喝過洋墨水或待過洋衙門,不論是升遷和是挖角,速度總會快上許多,這種現象在金融業尤其明顯,只要能夠到外商銀行(尤其是美系或歐系)過個水,回到本土金融業總是可以連跳三級招搖撞騙。只是進去外商銀行工作的門檻也很高,絕非當年只有一年多地方企銀菜鳥經驗的我可以踏進去。

有一天機會來了,當時有一家信託公司,幾個月後要和某最大外商銀行合併,依經驗論,被合併的公司的員工通常不會有太好的下場,於是該信託公司在短短半年間,走掉了四分之三以上的員工,尤其是外匯交易部門,據說僅剩下兩三隻貓。雖說即將被合併,但

跟著吃漢點招牌菜

三色紫芋塔(三色スイートポテトタルト)

San-shoku suitopotetotaruto　　　　　　300日圓

這裡的招牌甜點絕對是紫芋霜淇淋!我第一次造訪也是被它的霜淇淋吸引,但如果和它的三色紫芋塔比起來便相形失色。所謂的三色紫芋塔,包括橘子番薯、紫薯和白薯三種。

業務總得要有人做吧，我看機不可失，去找那家公司的主管毛遂自薦，他們也不管我有沒有相關經驗便錄取了，或許在他們眼中我只是個跳火山的蠢蛋吧。

幾個月後，外匯部門如期被併入某知名外商銀行，神奇的是，我竟然被留下來，原因並非我擁有什麼優秀的能力，而是被消滅的信託公司的外匯部門只剩下兩個人，總得要有人來幹些職務交接之類的

業務。我很清楚，這一切的目的只爲了取得外商銀行工作的資歷，所以我在那家外商銀行的交易室內相當低調，讓自己變成一個沒有聲音的人，即便被新老闆使喚去買便當飲料跑交割寄郵件，即便只能當外匯交易員旁邊的小助理，一切只爲了能讓安全地窩在能夠讓自己鍍金的天下第一號外商銀行的頂尖團隊內。

十個多月後，當初和我一起從信託公司過渡到外商銀行的主管，被新銀行挖去當副總，鍍金成功的我追隨他跟著水漲船高，十個月的洋衙門跑腿經驗，就讓我這個出社會不到兩年的小行員一躍成爲主管。

美食資訊　いも吉館

在鎌倉的小町通和若宮大路上各有一家，紫芋霜淇淋的招牌相當好認。

★★★★☆

神奈川縣鎌倉市小町2-8-4

9:30-18:00（全年無休）

鶴岡八幡宮

いも吉館 本店

★若宮大路

小町通 ★

いも吉館小町通分店

東口

鎌倉站

打破味蕾框架的餅乾

鴿子餅

鳩サブレー

交通：JR鎌倉站
預算：鴿子餅10枚入袋945日圓、和菓子每個平均單價約在300日圓左右。
順遊景點：江之電

要不是突然下起滂沱大雨，我不會走進這家位於鎌倉若宮大道的「豐島屋」，要不是為了躲雨只能耐著性子慢慢品嚐和菓子殺時間，我應該會和多數人一樣，對和菓子還是存有根深柢固的「甜死人不償命」的偏見。

豐島屋本店位於鎌倉的若宮大道，整棟店鋪為純白顯目建物，鎌倉最富盛名的伴手禮鴿子餅，正是這家豐島屋製造販售的，豐島屋除了本店之外，鎌倉、橫濱與東京都有分店，鴿子餅是將小麥粉、雞蛋、鮮奶油和砂糖混製並燒烤出來的一種烤餅，只是外型作成鴿子形狀而因此命名為鴿子餅。

至於鴿子餅的滋味？也許可以用香味再加一級的可口奶滋來形容，且保存期限比較長，可以當成伴手禮。

和菓子絕對是日本飲食文化中的精髓，近年來慢慢學著品嚐和菓子，我深深地被和菓子所吸引，吸引到一個沉浸於色香味乃至四季、美學的飲食天地。

和菓子大致分成三種：乾菓子（含水量20％以下）、含水量40％以上為生菓子，介於中間為半生菓子（例如：最中），乾菓子其實已經接近餅乾，含水量越高的和菓子口感越細緻，但保存期限也越短，通常生菓子或半生菓子只有1到3天不等，正因為保存期間很短，所以外國觀光客到日本比較不會想要去購買，因為絕大多數觀光客把和菓子定義為「伴手禮」，一旦看到保存期限只有24～48小時當然會敬而遠之，轉而選購含水量低、保存期間比較長的「饅頭類」甜點或乾菓子。想也知道，含水量

越低的甜點，甜份當然會越高。

　　所以，並非大部分的和菓子都是甜死人不償命，而是我們觀光客的消費習慣讓自己買到甜度過高的和菓子。

　　其實要辨識什麼是生菓子相當簡單，生菓子的色彩相當鮮豔，外型相當美觀，且和菓子店都會將招牌的生菓子擺設在亮眼的櫥窗內，因為以日本人的觀點，生菓子的優劣攸關一家甜點店的信譽用心。

　　比生菓子含水量更高的稱之為「上生菓子」，顧名思義，「上生菓子」是更高級的生菓子，是每

跟著吃漢點招牌菜

手指點菜也OK

生菓子（生菓子）
Namagashi　　　　　　平均單價在300日圓左右

豐島屋的生菓子種類相當多，每個月會根據季節的花卉、當令的水果而製作許多不同的生菓子，如初夏六月的桃佳人果凍、紫陽花、青梅、若潮、玫瑰等。

品嚐和菓子是種色香味與美學的饗宴，慢慢欣賞把玩，店家會根據和菓子的主題在外皮調配出花香或果香，先小口咬一下外皮，別一口吞下去。

家甜點店招牌中的招牌，如果到了和菓子甜點店看到琳琅滿目的甜點而不知如何下手時，直接挑選店家的「上生菓子」應該就不會碰到地雷。和菓子沒有固定名稱，每家菓子店各自有各自的名稱，高級一點的店家會根據一年四季甚至節氣，推出不一樣的季節生菓子。

品嚐和菓子的竅門不在名稱，通常和菓子的除了麵粉、糖、水分、米等共同基本原料外，分成三大部分：外皮、內餡和形狀。

外皮：多半是麻糬皮，或求肥皮（一種很薄很軟的麻糬，台灣常見的雪莓娘便是用求肥皮當作外皮），或是用葛粉作外皮（完全透明）或者沒有外皮（羊羹）。

內餡：多半是紅豆餡，但我也經常吃到白豆餡、梅豆餡、紅豆餡、黑豆沙餡、地瓜餡甚至巧克力、奶油等內餡。

外型：這可是和菓子最饒富變化的部分，日本的和菓子的外觀顏色與造型可說是把美學精神發揮到極致，不論是山水、花草、地方特產、季節都可以將精神融入和菓子的外型上，比方豐島屋在夏季時就會推出鎌倉名花──紫陽花造型的和菓子，有些頂尖名店所推出了和

菓子的外觀造型簡直到了藝術的層次。

除了生菓子與鴿子餅以外，豐島屋本店的二樓「鳩巢」陳念館，陳列了許多鴿子造型的收藏藝品，如鴿子造型的陶瓷製品、玩具，鴿子圖案的圖畫、書籍，可見這家店的老闆絕對是位「鴿子控」，店鋪的外觀招牌、販賣的餅乾和菓子、收藏的藝品……都和鴿子有關。

為什麼大家會對和菓子產生「過甜」的印象呢？那應該是所謂自我意識的框架，任由自己的有限經驗框架去體驗陌生事物，譬如技術或研發人員總是會認為行銷業務人物虛華不實，跑業務的總會認為工廠或研發的人腦筋死板，行銷人員總是認定會計財務人員只會斤斤計較，這些刻板印象完全是礙於自身的經驗框架，如果在職場上打算晉升到高階主管或自行創業，鐵定要打破自己的經驗框架用心去體會別的領域，一如品嚐和菓子，找到對的甜點打開味蕾的框架，色香味的和菓子美學桃花源世界立刻豁然開朗。

美食資訊　豐島屋

➡️ 鎌倉車站下車後，車站出口直走沒多久便可看到若宮大道，左轉走若宮大道往八幡宮方向走去約5分鐘便可抵達，店家在左手邊，相反地，若從八幡宮直走若宮大道，豐島屋本店則位於右手邊，步行時間大約是7到10分鐘。

☺️ ★★★★☆

🕐 9:00-19:00（定休日：週三）

🏠 神奈川縣鎌倉市小町2-11-19

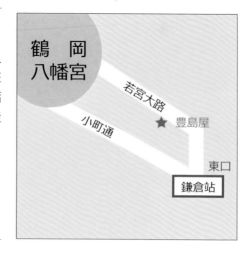

江之島電鐵
充滿海風、陽光和青春

　　江之島是鎌倉地區另外一個必遊之
地。迴異於鎌倉的古樸，江之島呈現的
是熱力與青春！整個江之島地區的行程
是由江之島電鐵與湘南電鐵一起串連起
來，串起來的是灑進慢車車廂的太陽、
海風帶來的鹹味以及屬於自己青春歲月
的汗水回憶。1

2

時間不多的旅客可以安排一趟午後的車遊，先在鎌倉火車站搭上江之島電鐵，往江之島的指標清楚好找，搭乘江之島電鐵可以用SUICA或PASMO卡刷卡支付，復古式的車廂饒是有趣，車上幾乎都是日本當地人很少外國觀光客，乘客多半是年輕情侶與推著嬰兒車帶著小孩的父母，因為江之島的湘南海岸是大東京最熱門的海水浴場。2

搭乘江之島電鐵最大的享受是大附份沿線沿著海邊，火車慢慢的走，海風徐徐的吹，車窗外可遠眺江之島，稱之為慵懶列車也不足奇，在旅途中慵懶也是一種態度，貪心地跑遍所有景點其實沒有多少必要。3

3

　抵達江之島前別忘了在「鎌倉高校前」這一站 4 先來個中途下車，因為一下車便有驚喜，對！猜到了！就是卡通灌籃高手的片頭場景，在這裡取個景東晃晃西晃晃，無須解釋太多理由了吧！灌籃高手是五六七年級生共同喜愛的動漫，大老遠從家裡飄洋過海來一趟湘南海岸，取的景不僅僅是美景而是年少時期滿滿回憶。

　繼續跳上車往江之島方向坐去，江之島站相當小，感覺已經遠離東京，從車站穿過商店街步行到江之島大約只要十來分鐘，過了江之島橋便是江之島，無論停留在此多久，別忘了回程的時候還有個很特別的重頭戲：湘南電鐵。

5

　　湘南電鐵的江之島站並沒有和江之島電鐵相連，乘客從江之島電鐵車站的右前方穿過一個十字路口，就可以看到一棟不怎麼起眼的湘南電鐵車站，兩個車站之間的距離才距離50公尺，但眞的不起眼所以得仔細找一下。湘南電鐵特殊之處在於它沒有鐵軌，整列電車是倒掛式，列車行進中若碰到比較大一點的風或較大角度的過彎，懸空的車廂會有宛如地震的搖晃感，湘南電鐵的終點站是大船，大船沒有什麼好逛的，從大船搭JR回橫濱或品川東京車程相當快。5

　　然而湘南電鐵不能使用SUICA或PASMO卡扣款，必須單獨買車票，但請相信它的趣味的確値回票價。

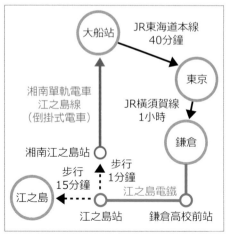

哆啦Ａ夢紀念館

（藤子・Ｆ・不二雄ミュージアム）

許多人形容經濟成長停滯二十年的日本是所謂的失落二十年，但我認為那是完全不了解甚至沒有造訪並細細觀察這個國家所致，先別論其低失業率、低通膨、完善便捷的公共建設、乾淨整齊與相對良好的治安，單就日本的軟實力，就足以讓那些大談日本失落論者重新審視日本這個國家。

我有回在東京上野車站搭銀座線地鐵，聽到旁邊幾個中國觀光客高談闊論：

「日本的地鐵有夠破舊，哪裡比得上咱們上海與北京的地鐵呢！」

我以同樣是華人的身分告訴他

們：

「銀座線是亞洲第一條的地下鐵，最初通車的『上野站～淺草站』段路線早在1927年便通車至今，人家日本人足足比兩岸華人提早五、六十年享受便捷大眾運輸，想當年中國別說地下鐵，連像樣的馬路恐怕都沒有幾條呢？如果一定非得比個高下，那應該去瞧瞧東京幾條比較新的地鐵線如大江戶線或日暮里舍人線才對啊！」

暴發心態的他們大概不了解我所表達的吧！

什麼是軟實力？軟實力是文化的力量，是透過文化散播而行銷全世界的力量。

50歲以下的台灣人幾乎每個

都聽過看過小叮噹（後來改名爲哆啦A夢），小叮噹、任意門、竹蜻蜓、大雄、胖虎……早已經成爲好幾億人童年的共同回憶，這就是軟實力。

為了追尋早年的回憶，我踏上了位於神奈川川崎市的藤子·F·不二雄紀念館，當然，要稱呼爲哆啦A夢紀念館也可以。

參訪哆啦A夢紀念館的方式比較麻煩一些，它採取事先完全預約制，紀念館門口是不賣票，遊客必

須事先在LAWSON便利商店的pos機器去預購，容我提醒一下，若不熟悉日文者操作機器買票恐怕會有點吃力。此外，紀念館一天開放四個入場時間分別是每天10、12、

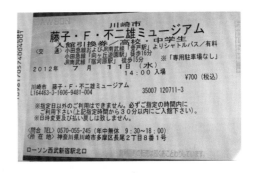

14、16時，預約購票時就得清楚選擇，假期與連休的日子往往不容易訂得到，所以我強烈建議，如果想一遊該紀念館，抵達東京的第一天務必先去LAWSON便利商店預訂，以免向隅，且保留彈性的旅行計畫，萬一計畫前往的日期與場次額滿時，可以立刻改訂其他尚未額滿的日期或場次。

雖然預約方式比較麻煩，但由於該紀念館嚴格控管入場人數，所以相較其他紀念館如三鷹吉卜力的

擁擠，玩起哆啦A夢紀念館也比較愜意。

入館的時間控管相當嚴格，超過入館時間十分鐘就不能進入，所以務必提早抵達登戶站以免耽誤，館內大致分為戶內與戶外兩區，進入館內可以選擇中文播放的的隨身導覽機，不必擔心語言隔閡，館內除了哆啦A夢的嬉戲區外，還有收藏哆啦A夢作者藤子・F・不二雄的歷年作品與介紹他的生平，此外還有如童話般的閱覽室可以翻閱

歷年哆啦A夢的漫畫作品。戶外區則有任意門、大雄家附近工地水泥管、大雄的恐龍……等擺設，相當逗趣。

當然，出場時間並沒有限制，所以盡可能預約早上十點入場的第

一場，館內人潮會比較少一些。

操作 LAWSON 便利商店 pos 機器後，機器會吐出門票，遊客只要拿著門票在便利商店繳費便完成購票程序，入場費大人1000日圓、高校中學生700日圓、4歲～小學生500日圓。

除了到「登戶」站轉接駁公車外，我不建議其他任何的交通方式。在登戶站下車後，車站門口就有接駁公車開往紀念館，接駁公車相當好認，巴士車體外表是哆啦A夢等人物的彩繪，約10分鐘一

班，行車時間大約10分鐘。

　　回程在門口搭接駁公車到登戶站搭乘小田急電鐵，可以在下北澤中途下車，逛逛下北澤這座個性小鎮再回新宿。

　　等車時間，可以到站牌旁邊的「鮮藍坊中華居酒屋」，該店白天時間供應麵食類的套餐定食，除了主餐的拉麵（或蕎麥麵），還附

有沙拉與餐後甜點，且上菜速相當快，不會影響搭車的時間，一份套餐的價格才600日圓上下，稱得上經濟實惠。由於紀念館內的餐廳座椅有限，點餐等待時間相當耗時，還是選擇在登戶車站旁邊用餐比較不會浪費時間。

跟著吃漢點招牌菜

參觀資訊　哆啦 A 夢紀念館

- 在新宿搭乘小田急電鐵的小田急線，在「登戶」站下車，小田急線除了「快速急行」列車不停靠登戶站以外，其他的「準急」「區間準急」與「各站停車」的列車都會停靠登戶站，不論「準急」「區間準急」或「各站停車」，車資都是一樣，可以持有SUICA搭乘，從新宿到登戶的搭車時間約20分鐘（「準急」與「區間準急」班車）。

- 紀念館一天開放四個入場時間，分別是每天10、12、14、16時，預約購票時就得清楚選擇，假期與連休的日子往往不容易訂到。

- 入場費大人1000日圓、高校中學生700日圓、4歲～小學生 500日圓（須事先預約）。「登戶」站下車後，車站門口接駁公車單程車資大人為 200日圓、兒童 100日圓，可以用SUICA卡支付。

- 〒214-0023 神奈川県川崎市多摩長尾2丁目8番1号

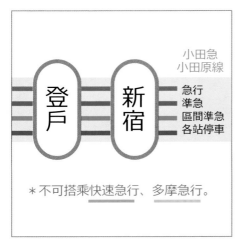

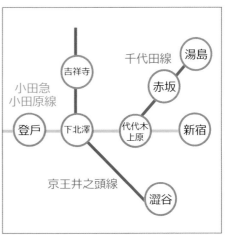

國家圖書館出版品預行編目資料

東京B級美食（下）：在地老饕隱藏版美食探險之旅（甜點
／伴手禮） ╱ 黃國華 作 .-- 初版. -- 臺北市：如何，2014.1
216面；17×23公分. -- （Happy Leisure；64）

ISBN 978-986-136-378-3（下冊：平裝）
1.餐飲業　2.旅遊　3.日本東京都

483.8　　　　　　　　　　　　　　　　102024763

The Eurasian Publishing Group
圓神出版事業機構
用心與你對話．視野無限寬廣

如何出版社
Solutions Publishing

http://www.booklife.com.tw　　　　　　inquiries@mail.eurasian.com.tw

Happy Leisure 064

東京B級美食下

在地老饕隱藏版美食探險之旅（甜點／伴手禮）

作　　　者／黃國華

攝　　　影／黃國華‧楊泫霖

發 行 人／簡志忠

出 版 者／如何出版社有限公司

地　　　址／台北市南京東路四段50號6樓之1

電　　　話／（02）2579-6600‧2579-8800‧2570-3939

傳　　　真／（02）2579-0338‧2577-3220‧2570-3636

郵撥帳號／19423086　如何出版社有限公司

總 編 輯／陳秋月

主　　　編／林欣儀

專案企畫／賴真真

責任編輯／林欣儀

美術編輯／劉鳳剛

行銷企畫／吳幸芳‧陳佩蒨

印務統籌／林永潔

監　　　印／高榮祥

校　　　對／黃國華‧張雅慧‧林欣儀

排　　　版／杜易蓉

經 銷 商／叩應股份有限公司

法律顧問／圓神出版事業機構法律顧問　蕭雄淋律師

印　　　刷／龍岡數位文化股份有限公司

2014年1月　初版

定價 399元　　　　ISBN 978-986-136-378-3

東京B級美食
新書講座，敬邀蒞臨

台中
2014年1月11日（六）14:00
國立公共資訊圖書館
2樓國際會議廳
（台中市南區五權南路100號）

高雄
2014年2月8日（六）14:00
蓮潭國際會館演講廳
102會議室
（高雄市左營區崇德路801號）

台北
2014年2月16日（日）15:00
誠品天母忠誠店
3F Simple Studio
（台北市忠誠路二段188號）

★注意事項：
1. 此活動限中華民國國民參加，未滿20歲之活動參加者，請於得到法定代理人同意後，使得提供個人資料。
2. 兩次抽獎的得獎名單，將依上述日期公布於「圓神出版·書是活的」臉書粉絲頁。主辦單位將以email、手機簡訊和電話通知得獎者，如因個人資料不全或有誤致無法聯絡者，或得獎人未於指定日期內回覆，亦視同放棄得獎資格。主辦單位將抽出第二位得獎者，依此類推。
3. 獎項：共計兩名〈台灣←→東京五天四夜來回機票加酒店自由行〉，贈品限制出發日期為2014年3月8日，航空公司、航班時間和入住飯店以報名當時回覆為準，恕無法指定，贈品價值約新台幣15,000元/名。
4. 贈品以實物為準，獎項不得兌換現金、折抵與配送。得獎者請依主辦單位通知之規定辦理行程。其他使用規則，詳見主辦單位得獎通知。
5. 若因本活動發生任何爭議，主辦單位如何出版社及ezTravel易遊網保有最終解釋權與決定權，如本活動因不可抗力之特殊原因無法執行時，主辦單位有權取消、中止、修改或暫停本活動與延遲中獎公告。如有未盡事宜，由主辦單位通知得獎者。一切公告，均以圓神書活網官網公布為主。

超體貼！首刷購書抽
台灣←→東京
五天四夜機加酒自由行

於指定日期內、填妥回函資料寄回如何出版社，即有機會抽中由 ezTravel 易遊網 贊助之〈台灣←→東京五天四夜來回機票加酒店自由行〉（共計兩名）。

本活動實屬難得，特別提供**兩次抽獎機會**！請務必以正楷字體、詳細填寫，不符規定者視同棄權。

1　第一次抽獎日期：2014年1月21日（二）
回函收件截止日：2014年1月17日（郵戳為憑）
東京自由行出發日：2014年3月8日

2　第二次抽獎日期：2014年2月11日（二）
回函收件截止日：2014年2月7日（郵戳為憑）
東京自由行出發日：2014年3月8日

★活動注意事項，詳見圓神書活網 www.BOOKLIFE.com.tw

我要參加《東京B級美食》
機加酒自由行抽獎活動

真實姓名：

身份證字號：

手機號碼：

email：

聯絡地址：

廣　告　回　函
北區郵政管理局登記證
北臺字1713號
免　貼　郵　票

105 台北市南京東路四段50號6樓之1
如何出版社有限公司
行銷企劃部　收

 如何出版・圓神出版事業
讀者服務電話：02-2579-6600
圓神書活網：www.BOOKLIFE.com.tw

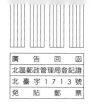

首刷回函抽
台灣←→東京
五天四夜機加酒自由行

於指定日期內、填妥回函資料寄回如何出版社，即有機會抽中由ezTravel易遊網贊助之〈台灣←→東京五天四夜來回機票加酒店自由行〉（共計兩名。出發日期2014年3月8日）。
本活動特別提供**兩次抽獎機會**！

1 第一次抽獎日期：
2014年1月21日（二）
回函收件截止日：
2014年1月17日（郵戳為憑）

2 第二次抽獎日期：
2014年2月11日（二）
回函收件截止日：
2014年2月7日（郵戳為憑）

★活動注意事項，詳見圓神書活網
www.BOOKLIFE.com.tw

《東京B級美食》讀者活動抽獎回函。請沿虛線剪下，裝訂好寄回抽獎回函，謝謝！

全球自由行

無可挑戰

在易遊國度裡，全球自由旅行就像呼吸一樣自然

天天都自由 ▾

每天都是自由日

去多久、哪天去、想到就訂，說走就走！

隨時都自由 ▾

不用等! 即時 確認機位房況

一人就可成行；航班、飯店、即時確認，不用等！

去哪都自由 ▾

世界本來就是自由的

近50個國家、150個城市，超過2,000間飯店，預算內的旅行，我的世界，我做主！

北海道地區

東北地區

名古屋
北陸

東京

京都

神戶

大阪

福岡
九州地區

四國地區

沖繩・石垣

© TOKYO-SKYTREE